Simulation von Leistungsbauelementen mit durch Bestrahlungsverfahren eingestellter Trägerlebensdauer

Ralf Siemieniec

Siemieniec, Ralf:

Simulation von Leistungsbauelementen mit durch Bestrahlungsverfahren eingestellter Trägerlebensdauer

Dissertation TU Ilmenau

vorgelegt am: 03.06.2002
Tag der wissenschaftlichen Aussprache: 28.02.2003

Gutachter:

Vertr.-Prof. Dr.-Ing. habil. T. Doll, TU Ilmenau

Prof. Dr.-Ing. J. Lutz, TU Chemnitz

Prof. Dr. phil. nat. D. Silber, Universität Bremen

ISBN-Nr. 3-8330-0311-1

Bibliografische Information Der Deutschen Bibliothek

Die Deutsche Bibliothek verzeichnet diese Publikation in der Deutschen Nationalbibliografie; detaillierte bibliografische Daten sind im Internet über <http://dnb.ddb.de> abrufbar.

Herstellung: Books on Demand GmbH

Inhaltsverzeichnis

1 Einleitung   **5**

2 Lebensdauereinstellung an Si-Halbleitern   **9**

2.1 Zielstellung der Trägerlebensdauereinstellung 9

    2.1.1 Freilaufdioden 9

    2.1.2 IGBT 26

2.2 Rekombination in Silizium 35

    2.2.1 Intrinsische Rekombinationsprozesse 35

    2.2.2 Extrinsische Rekombinationsprozesse 37

2.3 Technologie der Lebensdauereinstellung 51

    2.3.1 Diffusion von Schwermetallen 51

    2.3.2 Strahlungsinduzierte Störstellen 55

2.4 Das Multitrap-Rekombinationsmodell 60

    2.4.1 Kriterien für die Modellwahl 60

    2.4.2 Vorstellung des Rekombinationsmodells 62

    2.4.3 Berücksichtigung von Störstellenprofilen 64

3 Charakterisierung tiefer Störstellen   **67**

3.1 DLTS-Messungen 67

    3.1.1 Vorstellung des Meßverfahrens 67

    3.1.2 Grenzen des DLTS-Verfahrens 77

3.2 OCVD-Messungen 78

    3.2.1 Grundprinzip 78

    3.2.2 Meßaufbau und Einschränkungen 80

    3.2.3 Optische OCVD 82

4 Experimentelle Ergebnisse   **85**

4.1 Probenübersicht 85

    4.1.1 Diodenproben 86

    4.1.2 IGBT-Proben 88

    4.1.3 Tabellarische Übersicht der Proben 92

INHALTSVERZEICHNIS

4.2 Bestimmung relevanter Zentrenparameter 92
    4.2.1 Charakterisierung des Basismaterials 92
    4.2.2 Untersuchungen an elektronenbestrahltem Silizium 97
    4.2.3 Untersuchungen an mit Heliumionen bestrahltem Silizium 103
    4.2.4 Übersicht der gemessenen Zentrenparameter 104
4.3 Bestimmung von Zentrenprofilen 105
    4.3.1 Profilbestimmung mit Hilfe des DLTS-Verfahrens 105
    4.3.2 Diskussion alternativer Meßverfahren 112

5 Simulationsergebnisse   **117**
5.1 Vorstellung der Simulationsumgebung 117
    5.1.1 Der 2D-Bauelementesimulator TeSCA 117
    5.1.2 Programme zur Gittererzeugung und Auswertung 120
5.2 Untersuchungen an Freilaufdioden 121
    5.2.1 Durchlaßverhalten 121
    5.2.2 Schaltverhalten 128
5.3 Untersuchungen an IGBT's 133
    5.3.1 Durchlaßverhalten 133
    5.3.2 Schaltverhalten 138

6 Bewertung des Rekombinationsmodells   **141**
6.1 Gültigkeit des Rekombinationsmodells 141
6.2 Abschätzung von Fehlermöglichkeiten 142
6.3 Erweiterte Möglichkeiten der Simulation 146

7 Zusammenfassung   **149**

A Verwendete Simulationsmodelle   **153**
A.1 Rekombination 153
A.2 Eigenleitung 155
A.3 Beweglichkeitsmodell 155
A.4 Dotierungseingabe 157

B Verwendete Symbole   **159**

Literaturverzeichnis   **169**

Index   **181**

Danksagung   **185**

Kapitel 1

Einleitung

Im Bereich hoher Sperrspannungen und großer zu schaltender Leistungen werden heute aufgrund ihrer günstigen Eigenschaften überwiegend Bauelemente auf Basis bipolarer Wirkprinzipien wie GTO's (Gate Turn-Off Thyristor), Thyristoren und Leistungsdioden oder gemischt bipolar/feldgesteuerte Bauelemente, wie IGBT's (Insulated Gate Bipolar Transistor), eingesetzt.

GTO's sind heute für Spannungen bis über 6kV und Ströme bis 4kA erhältlich und werden in großem Umfang für Antriebe, wie z.B. Bahnantriebe, eingesetzt. Zur Verbesserung der Eigenschaften, insbesondere des Schaltverhaltens, wurde bereits frühzeitig die Auswirkung von Verfahren zur Trägerlebensdauereinstellung untersucht [136].

Leistungsdioden werden zur Gleichrichtung oder als Freilaufdioden eingesetzt. Durch die Entwicklung zunehmend schnellerer Leistungsschalter stiegen die Anforderungen an Freilaufdioden aufgrund der sehr viel steileren Schaltflanken dieser neuen Bauelemente stark an, die Freilaufdioden begrenzten die Möglichkeiten des Leistungsschaltkreises. Aus diesem Grunde wandten sich Forschungsarbeiten auf dem Gebiet leistungselektronischer Bauelemente wieder verstärkt der Entwicklung schneller Dioden zu. Bedingt durch die steilen Schaltflanken bestand die Forderung nach einem Soft-Recovery-Verhalten, was das sanfte Abklingen des bei Kommutierung vom Durchlaß- in den Sperrzustand temporär fließenden Rückstromes bezeichnet. Es zeigte sich, daß die Beherrschung der Diode aufgrund der Kontrolle des Recovery-Verhaltens durch Vorgänge im Volumen des Bauelementes sehr kompliziert ist. Eine erfolgreiche Lösungsvariante dieses Problems stellte die Entwicklung von Freilaufdioden dar, in denen axiale Trägerlebensdauerprofile im Bauelement eingesetzt werden [59, 92, 158].

Der IGBT stellt eine Kombination von Bipolar- mit MOS-Komponenten dar, das Bauelement wird analog einem Power-MOSFET über ein isoliertes Gate ein- und ausgeschaltet. Im Vergleich zum klassischen Power-MOSFET lassen sich deutlich geringere Durchlaßverluste realisieren, was einen Einsatz im Hochvoltbereich überhaupt erst ermöglicht. IGBT's haben einen zellulären Aufbau und werden unter Nutzung von IC-Technologien hergestellt. Aktuelle IGBT's weisen Sperrspannungen bis zu 6.5kV auf

[10]. Auch bei diesen Bauelementen wird die Lebensdauereinstellung zur Verbesserung der Eigenschaften, insbesondere der Relation zwischen Durchlaß- und Schaltverlusten, eingesetzt [103].

Von technologischer Seite existieren zwei unterschiedliche Möglichkeiten zum Einbringen von Rekombinationszentrenprofilen. Die ältere Technologie besteht im Einbringen von Gold oder Platin durch einen Diffusionsschritt. Zunehmend eingesetzt werden heute jedoch Bestrahlungsverfahren, bei denen durch Beschuß mit hochenergetischen leichten Teilchen wie Elektronen, Protonen oder Heliumkernen durch Schädigung des Einkristalls Rekombinationszentren erzeugt werden. Dabei entfällt der für die Diffusion notwendige Hochtemperaturschritt, es lassen sich durch Kombination verschiedener Bestrahlungstypen nahezu beliebige axiale Störstellenprofile erzeugen. Desweiteren gewährleisten Bestrahlungsverfahren eine hohe Reproduzierbarkeit der Ergebnisse.

Alle Arbeiten zur Anwendung von Lebensdauerprofilen waren größtenteils experimenteller Natur. Für eine korrekte Behandlung der erzeugten Rekombinationszentren im Bauelementesimulator waren zu Beginn dieser Arbeit, bis auf eine Ausnahme [106], keinerlei Modelle implementiert. Hinzu kamen die nur unvollständigen Kenntnisse über Eigenschaften und Zusammensetzung der erzeugten Zentren. Viele Arbeiten beschränkten sich auf die Charakterisierung aller gefundenen Störstellen ohne Berücksichtigung des Einflusses auf die Ladungsträgerlebensdauer, eine Untersuchung der Temperaturabhängigkeit der Zentrenparameter im für Leistungsbauelemente typischen Anwendungstemperaturbereich erfolgte bestenfalls ansatzweise.

Das Ziel dieser Arbeit bestand in der Implementierung eines geeigneten Modells in einen 2D-Bauelementesimulator zur vollständigen Beschreibung der Rekombinationsvorgänge als Folge einer Teilchenbestrahlung und der Bestimmung der erforderlichen Parameter zur Beschreibung der relevanten Rekombinationszentren. Desweiteren sollte gezeigt werden, daß mit einem derartigen Rekombinationsmodell und den ermittelten Störstellenparametern das stationäre und dynamische Verhalten unterschiedlich lebensdauereingestellter Leistungsbauelemente richtig wiedergegeben werden kann.

In dieser Arbeit wird zunächst der Einfluß der Trägerlebensdauereinstellung auf die Bauelementeeigenschaften dargestellt und deren Potential mit anderen Verfahren zur Kontrolle der Ladungsträgerverteilung, wie etwa der zielgerichteten Veränderung von Injektionseigenschaften eines Emitters, verglichen. Es werden die in Silizium möglichen Rekombinationsvorgänge dargestellt und die Auswirkungen der unterschiedlichen physikalischen Prozesse auf die Einstellung der Trägerlebensdauer in bipolaren Leistungsbauelementen gezeigt. Nach einer Einführung in die unterschiedlichen technologischen Realisierungsmöglichkeiten und die Eigenschaften der dadurch generierten Störstellen werden Kriterien für die Modellwahl aufgestellt und das implementierte Rekombinationsmodell vorgestellt.

Anschließend erfolgt die Vorstellung der in dieser Arbeit für die Bestimmung der Rekombinationszentrenparameter benutzten Meßverfahren. Ein leistungsfähiges Verfahren zur Charakterisierung der erzeugten tiefen Störstellen ist das DLTS-Verfahren (Deep Level Transient Spectroscopy). Unter den vorhandenen Randbedingungen, insbesondere der notwendigen Ausheiltemperatur, dominiert das A-Zentrum E(90K) die in Leistungsbauelementen wichtige Hochinjektionslebensdauer. Es wird gezeigt, wie die notwendigen Parameter für die Beschreibung dieses Zentrums im Arbeitstemperaturbereich von Leistungsbauelementen näherungsweise mit optischen Lebensdauermessungen bestimmt werden können.

Das folgende Kapitel befaßt sich mit der experimentellen Bestimmung der Störstellenparameter sowohl im unbestrahlten Basismaterial als Grundlage für die Simulation als auch mit der Charakterisierung der generierten Zentren infolge Elektronen- und Heliumbestrahlung nach Ausheilung. Neben Möglichkeiten zur Bestimmung von Zentrenprofilen wird ebenfalls auf die Abhängigkeit der erzeugten Störstellendichte von der gewählten Bestrahlungsenergie und -dosis eingegangen.

Die Verifikation erfolgt anhand des Vergleiches von Simulationen unter Nutzung des neu implementierten Modells und der ermittelten Parameter mit Messungen des Durchlaß- und Schaltverhaltens unterschiedlich bestrahlter Freilaufdioden und IGBT's. Anhand der Ergebnisse zeigt sich, daß eine weitgehend korrekte Simulation bestrahlter Bauelemente mit Hilfe des gewählten Modells und der zuvor bestimmten Parameter möglich ist. Nachfolgend wird das Rekombinationsmodell bewertet und eine Fehlerabschätzung vorgenommen.

Den Abschluß bildet eine Zusammenfassung der gewonnenen Erkenntnisse unter dem Gesichtspunkt der Eignung für die Charakterisierung und Optimierung von lebensdauereingestellten Bauelementen mit Hilfe der Bauelementesimulation.

Kapitel 2

Lebensdauereinstellung an Si-Halbleitern

2.1 Zielstellung der Trägerlebensdauereinstellung

2.1.1 Freilaufdioden

Dioden, anfangs noch auf Basis der Materialien Selen und Germanium, stellten die ersten Leistungsbauelemente der Halbleiterelektronik dar. Mit Thyristoren standen erstmals aktiv einschaltbare Bauelemente zur Verfügung, welche das Schalten hoher Ströme bei immer höheren Blockierspannungen erlaubten. GTO's (Gate Turn-Off Thyristoren) ermöglichten schließlich auch das aktive Abschalten im Leistungskreis. Aufgrund der Entwicklung neuer, leistungsfähigerer Schalter wie des IGBT (Insulated Gate Bipolar Transistor) zu Beginn der 80er Jahre ergaben sich aufgrund der um ein vielfaches steileren Schaltflanken im Vergleich zu den herkömmlichen Thyristoren neue Anforderungen an die Eigenschaften schneller Leistungsdioden [91]. Diese Freilaufdioden müssen, neben dem geforderten Sperrvermögen und geringer Durchlaßverluste, bei der Abkommutierung trotz der steilen Schaltflanken einen sanft abklingenden Rückstrom aufweisen. Die Beherrschung dieser Schaltphase stellte sich als kompliziert heraus, da das Bauelementeverhalten während des Recoveryprozesses durch Vorgänge im Volumen der Diode bestimmt wird. Im Unterschied zu Transistoren besteht hier nicht die Möglichkeit, durch Gate-Emitter-Strukturen Einfluß auf die elektrischen Parameter zu nehmen. Daher wurden verschiedene Lösungen entwickelt, welche entweder auf der Reduzierung der Ladungsträgerinjektion des p-Emitters oder auf einer Kontrolle des axialen Trägerlebensdauerprofils beruhen. Ein axiales Trägerlebensdauerprofil bietet den entscheidenden Vorteil, die Vorgänge dort zu kontrollieren, wo sie auch ablaufen - im Inneren des Halbleiters. Diese Technik bietet neue Freiheitsgrade und Möglichkeiten bei der Optimierung von Freilaufdioden und wird daher zunehmend bei der Bauelementefertigung

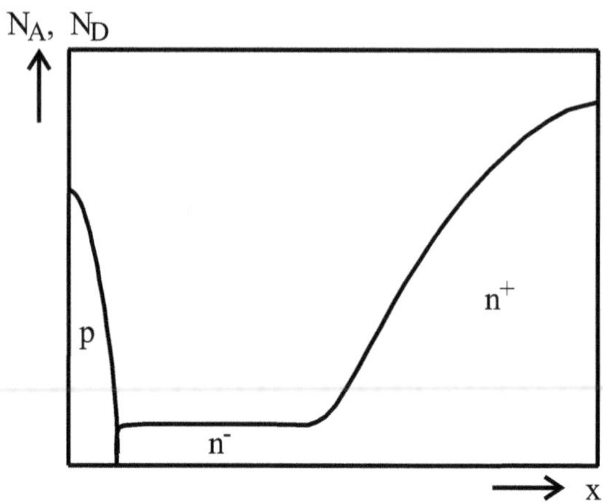

Abbildung 2.1: Beispiel für das Dotierungsprofil einer pin-Diode

eingesetzt. Die Nutzung des Hilfsmittels Bauelementesimulation war bisher aber nur sehr eingeschränkt möglich, da es neben entsprechenden Rekombinationsmodellen vor allem an zuverlässigen Parametersätzen mangelt.

Alle in dieser Arbeit behandelten Dioden sind Bauelemente mit einer pin-Zonenfolge, welche unterschiedlichen Bestrahlungsverfahren zur Kontrolle der Trägerlebensdauer unterworfen wurden. Eine pin-Diode besteht aus einer p-Anode, einer schwach n-dotierten Region und einem hochdotierten n$^+$- Gebiet wie in Abbildung 2.1 gezeigt.

2.1.1.1 Aufbau und Funktion von Freilaufdioden

Sperrbetrieb

Leistungsdioden tragen in ihrer Struktur sehr stark der Forderung nach hohem Sperrvermögen Rechnung. Aufgrund der Beschränkung der maximalen elektrischen Feldstärke durch die Materialeigenschaften des verwendeten Halbleitermaterials muß eine weit ausgedehnte Raumladungszone realisiert werden. Dies ist mit einem entsprechend dem geforderten hohen Sperrvermögen ausreichend breiten und niedrig dotiertem Gebiet (oftmals auch als "Basis" bezeichnet) zwischen p- und n-Emitter umsetzbar. Dieses Gebiet ist normalerweise n-dotiert.

Bei Anlegen einer Sperrspannung über der Diode kommt es zur Ausbildung einer Raumladungszone hauptsächlich innerhalb der nahezu eigenleitenden Basis. Verbunden damit fließt ein Sperrstrom, der durch die Generation von Ladungsträgern in der Raumladungszone und den unmittelbar benachbarten Gebieten entsteht und mit ansteigender Sperrspannung zunimmt. Oberhalb der das Sperrvermögen begrenzenden Durchbruchfeldstärke kommt es aufgrund der Stoßionisation und Lawinenmultiplikati-

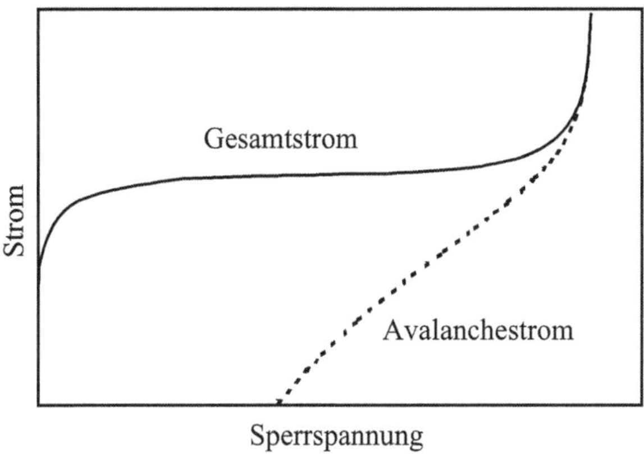

Abbildung 2.2: Prinzipieller Verlauf der Sperrkennlinie einer pin-Diode

on der Ladungsträger zu einem starken Ansteigen des Sperrstromes wie das Beispiel in Abbildung 2.2 zeigt. Die Durchbruchfeldstärke ist von dem verwendeten Halbleitermaterial abhängig. Beim Sperrbetrieb geht es also darum, den Sperrstrom bei gefordertem Sperrvermögen minimal zu halten. Realisieren läßt sich dies durch hohe Ladungsträgerlebensdauern, was hohe Anforderungen an die Reinheit des verwendeten Grundmaterials stellt, oder aber auch durch eine Verkürzung der Raumladungszone. In diesem Fall ist jedoch für eine veränderte Verteilung des elektrischen Feldes zu sorgen, um das Sperrvermögen weiterhin beizubehalten. Das elektrische Feld wird allerdings auch wesentlich durch die Höhe der Basisdotierung beeinflußt.

Grundsätzlich läßt sich zwischen zwei Fällen für die Aufnahme der Sperrspannung in der Mittelzone unterscheiden: der Non-Punch-Through (NPT) Dimensionierung sowie der Punch-Through (PT) Dimensionierung. Im Falle der NPT-Dimensionierung wird die Dicke der Mittelzone so gewählt, daß die Raumladungszone nicht in das hochdotierte n^+-Gebiet eindringen kann. Der resultierende Feldverlauf ist in diesem Falle dreiecksförmig (Abbildung 2.3). Für die Realisierung hoher Durchbruchspannungen ist es notwendig, relativ kleine Dotierungen zu wählen. Um dennoch akzeptable Flußspannungen zu erhalten muß das Mittelgebiet eine große Ladungsträgerlebensdauer aufweisen, was hohe Anforderungen an die Reinheit des Grundmaterials und eine saubere Prozeßführung stellt. Für die Durchbruchspannung V_{BR} im NPT-Fall ergibt sich bei bekannter Durchbruchfeldstärke unter Vernachlässigung der Spannungsabfälle über dem pn- und nn^+-Übergang der Zusammenhang [15]:

$$V_{BR} = \frac{\varepsilon_r\,\varepsilon_0\,E_{BR}^2}{2\,q\,N_D} \tag{2.1}$$

Die Durchbruchfeldstärke kann näherungsweise nach Gleichung 2.2 bestimmt werden. Diese Näherung basiert auf den Ionisationsraten nach Shields und Fulops Potenz-

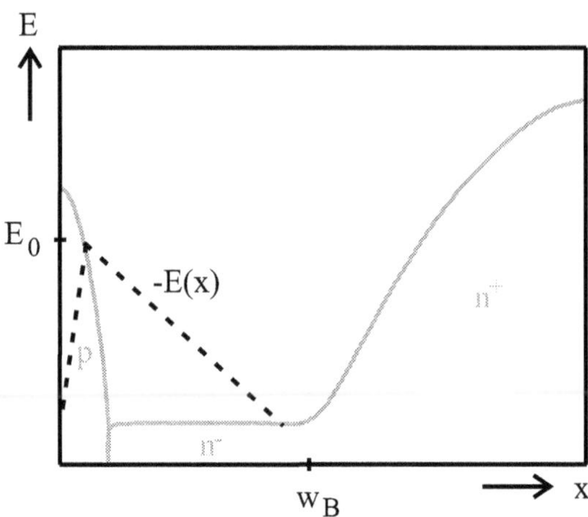

Abbildung 2.3: Prinzipieller Feldverlauf bei einer NPT-Dimensionierung

gesetz für abrupte pn-Übergänge [35, 133]:

$$|E_{BR}| = \left(\frac{8q}{C \, \varepsilon_0 \, \varepsilon_r} N_D \right)^{\frac{1}{8}} \tag{2.2}$$

$$C = 1.8 \cdot 10^{-35} cm^6 V^{-7} \tag{2.3}$$

Im PT-Fall kann die Raumladungszone in das n^+-Gebiet eindringen, wodurch sich ein trapezförmiger Feldverlauf ergibt (Abbildung 2.4). Die Bezeichnung Punch-Through hat sich durchgesetzt, obwohl die Raumladungszone in diesem Fall kein Gebiet vom anderen Leitungstyp erreicht. Im PT-Fall läßt sich ein höheres Sperrvermögen erreichen, da das elektrische Feld im hochdotierten Gebiet stärker abgebaut wird. Im Vergleich zur NPT-Dimensionierung sind vergleichbare Durchbruch- und Flußspannungen bereits bei deutlich kürzeren Ladungsträgerlebensdauern realisierbar, was geringere Anforderungen an das Halbleitermaterial sowie die Prozeßführung stellt. Die Durchbruchspannung im PT-Fall ergibt sich aus [15]:

$$V_{BR} = E_{BR} w_B - \frac{q \, N_D}{2 \, \varepsilon_0 \, \varepsilon_r} w_B^2 \tag{2.4}$$

Voraussetzung ist, daß die Feldstärke E_1 am nn^+- Übergang mindestens um die Hälfte kleiner ist als die Maximalfeldstärke E_0:

$$E_1 < \frac{1}{2} E_0 \tag{2.5}$$

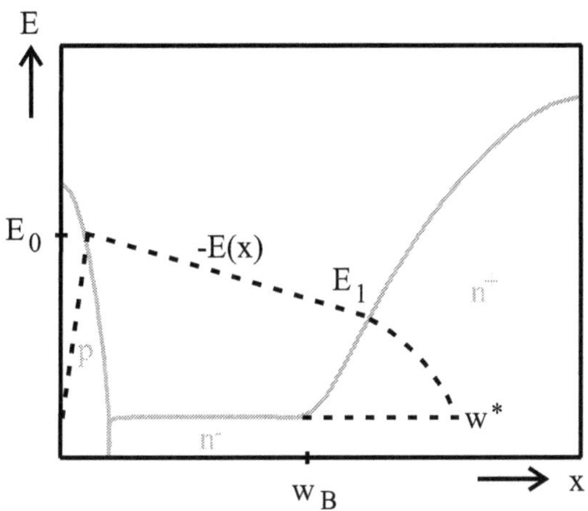

Abbildung 2.4: Prinzipieller Feldverlauf bei einer PT-Dimensionierung

Durchlaßbetrieb

Leistungsdioden im Durchlaßzustand sind von der Forderung geprägt, bei möglichst hohem Stromfluß in Durchlaßrichtung einen möglichst geringen Spannungsabfall über der Diode aufzuweisen. Um in der Basis einen hohen Spannungsabfall aufgrund des großen Bahnwiderstandes zu vermeiden, wird diese von beiden Emittern mit den jeweiligen Ladungsträgern überschwemmt. Die resultierende Dichte von Elektronen wie Löchern in diesem Gebiet ist dabei annähernd gleich. Auf diese Weise gelingt es, die Leitfähigkeit der Basis entsprechend der Ladungsträgerkonzentration zu erhöhen und somit den Spannungsabfall zu verringern. Damit verbunden ist ebenfalls eine Erhöhung der in der Basis gespeicherten Ladungsmenge, welche beim Abschalten des Bauelements ausgeräumt werden muß. Der Grad der Ladungsträgerüberflutung nimmt mit steigender Ladungsträgerlebensdauer in der Basis und besserer Emittergüte zu. Die Emittergüte stellt hierbei ein Maß für die Höhe des betreffenden Minoritätsträgerstromes dar - je geringer der Minoritätsträgerstrom eines Emitters ist, desto größer ist die Emittergüte η [41]. Die Emittergüte hängt nur von den Materialkonstanten des Emitters ab, im Falle eines abrupten pn-Überganges mit höherdotiertem p-Gebiet ergibt sich für die Emittergüte nach [67]:

$$\eta_p = N_A \frac{q\,L_n}{\mu_n\,k_B\,T} \frac{s_p\,\frac{q\,L_n}{\mu_n\,k_B\,T} + \coth\left(\frac{x_j}{L_n}\right)}{s_p\,\frac{q\,L_n}{\mu_n\,k_B\,T}\coth\left(\frac{x_j}{L_n}\right) + 1} \tag{2.6}$$

Hierbei bezeichnen x_j die Tiefe des pn-Überganges, s_p die Oberflächenrekombinationsgeschwindigkeit der Löcher und L_n die Diffusionslänge der Elektronen.

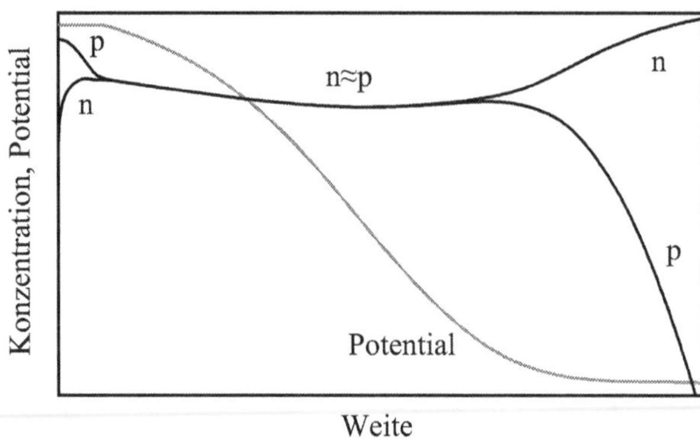

Abbildung 2.5: Prinzipieller Ladungsträger- und Potentialverlauf in einer pin-Diode

In diesem Zusammenhang ist ebenfalls zu berücksichtigen, daß es aufgrund steigender Ladungsträgerkonzentration mit zunehmend einsetzender Auger-Rekombination automatisch zu einer Reduktion der Trägerlebensdauer kommt [45]. Hierdurch begrenzt sich die normalerweise erreichbare Überschußträgerdichte in der Basis der Diode auf einen Wert von ca. $5 \cdot 10^{17} cm^{-3}$. Abbildung 2.5 zeigt eine typische Ladungsträger- und Potentialverteilung in einer pin-Diode mit einem Dotierungsverlauf wie in Abbildung 2.1.

Es bleiben, da aufgrund des zu garantierenden Sperrvermögens nicht auf die Basis verzichtet werden kann, zwei Möglichkeiten zur Optimierung des Durchlaßzustandes einer Diode. Zum einen kann die Basisweite weitestgehend minimiert werden, so daß man zu einer PT-Dimensionierung gelangt. Zum anderen läßt sich die Ladungsträgerkonzentration in der Basis durch eine Steigerung des Emitterwirkungsgrades oder durch eine Erhöhung der Ladungsträgerlebensdauer anheben. Zu beachten ist jedoch, daß eine Steigerung der Ladungsträgerkonzentration im Basisgebiet immer mit einer Zunahme des Spannungsabfalls über dem pn- bzw. nn^+-Überganges verbunden ist. Dieser ist erforderlich, um am jeweiligen Emitter die Potentialbarriere abzusenken und so den Stromfluß durch das Bauelement zu ermöglichen [41].

Für die Bestimmung des Spannungsabfalls über einer pin-Diode lassen sich drei Grundanteile ausmachen:

- der Anteil des nn^+ - Dichteüberganges (2.8)

- der Anteil des pn - Überganges (2.9)

- der Anteil der über dem Mittelgebiet abfallenden Spannung (2.10 bzw. 2.13)

Näherungsweise lassen sich für eine Abschätzung die Beziehungen für abrupte Übergänge nutzen. Dies wird insbesondere bei sehr großen Stromdichten höher der Nennstromdichte zu Fehlern führen, da mit steigendem Strom der Emitterwirkungsgrad γ_E

am pn-Übergang abnimmt. Der Emitterwirkungsgrad beschreibt den Anteil des vom Emitter in die Basis injizierten Majoritätsträgerstromes $I_{E,maj}$ am gesamten Emitterstrom und wurde urprünglich im Zusammenhang mit bipolaren Kleinsignaltransistoren eingeführt [138]:

$$\gamma_E = \frac{I_{E,maj}}{I_E} \tag{2.7}$$

Folgende Näherungen lassen sich für die Spannungsabfälle an den beiden Übergängen ausmachen [147]:

$$V_{nn+} = \frac{k_B T}{q} ln \left(\frac{N_D}{N_I} \right) \tag{2.8}$$

$$V_{pn} = \frac{k_B T}{q} ln \left(\frac{N_A N_I}{n_i^2} \right) \tag{2.9}$$

Auf die über der Mittelzone abfallenden Spannung nimmt im Falle einer Diode mit langer Basis $w_B \gg L_A$ neben den Ladungsträgerbeweglichkeiten die Trägerlebensdauer bei Hochinjektion Einfluß, da im Durchlaßfall die Trägerdichte in der Mittelzone um ein Vielfaches angehoben ist [147] :

$$V_I = \frac{2\pi \frac{\mu_n}{\mu_p}}{\left(\frac{\mu_n}{\mu_p} + 1 \right)^2} \frac{k_B T}{q} \exp \left(\frac{w_B}{2 L_A} \right) \tag{2.10}$$

Für die Diffusionslänge L_A gilt:

$$L_A = \sqrt{D_A \tau_{HL}} \tag{2.11}$$

Da in der Mittelzone die Konzentration der Löcher gleich der Elektronen ist, kann die ambipolare Diffusionskonstante D_A in Gleichung 2.11 eingesetzt werden:

$$D_A = 2 \frac{\mu_n \mu_p}{\mu_n + \mu_p} \frac{k_B T}{q} \tag{2.12}$$

Liegt dagegen eine Diode mit kurzer Basis $w_B \ll L_A$ vor, ergibt sich nachstehende Beziehung zur näherungsweisen Berechnung der über der Basis abfallenden Spannung [13]:

$$V_I = \frac{3}{8} \frac{k_B T}{q} \left(\frac{w_B}{L_A} \right)^2 \tag{2.13}$$

Liegen Bauelemente mit niedrigem Emitterwirkungsgrad vor, wie es für nahezu alle modernen, schnellen Freilaufdioden zutrifft, wird die über der Mittelzone abfallende Spannung abhängig vom durchfließenden Strom. Die Beziehungen erfordern in diesem Fall eine Erweiterung um den Einfluß der Endzonenrekombination.

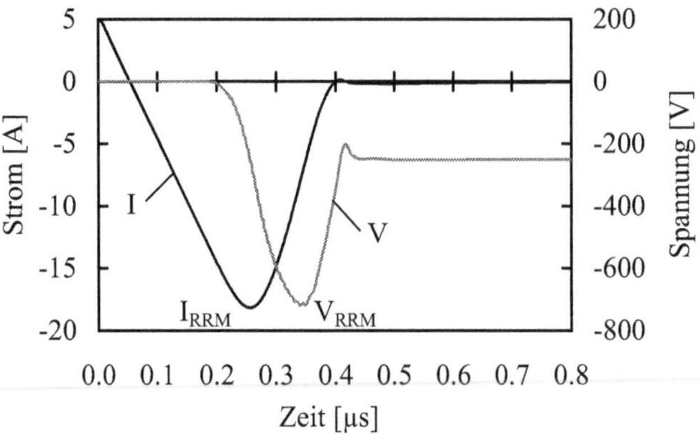

Abbildung 2.6: Strom- und Spannungsverlauf bei induktivem Ausschalten einer Diode

Ausschaltvorgang

Das Ausschalten bezeichnet den Übergang aus dem Durchlaß- in den Sperrzustand. Er ist durch die Notwendigkeit gekennzeichnet, die im Durchlaßbetrieb zur Leitfähigkeitsmodulation benötigte Speicherladung möglichst schnell entfernen und die sich aufbauende Sperrspannung aufnehmen zu können. Abbildung 2.6 zeigt den zeitlichen Verlauf von Strom und Spannung beim Ausschalten einer Diode mit induktiver Beschaltung. Während des Ausschaltens kommt es, bedingt durch die unvermeidbaren Streuinduktivitäten, zunächst zu einer stetigen Abnahme des Stromes durch die Diode. Die Geschwindigkeit dieses Vorganges wird neben den vorhandenen Induktivitäten auch durch die angelegte Rückwärtsspannung V_R bestimmt:

$$\frac{di}{dt} = -\frac{V_R}{L} \tag{2.14}$$

Der eigentliche Ausräumvorgang beginnt jedoch erst mit dem Einsetzen des Rückstromes ($i_D(t) < 0$), in dessen Verlauf es zum Absaugen der Elektronen am n-Emitter (der n^+-Zone) und der Löcher am p-Emitter (der p-Zone) kommt. Hierdurch bilden sich unterschiedliche Raumladungszonen sowohl am pn-Übergang als auch im nn^+-Gebiet und dehnen sich von dort in Richtung der Basismitte aus. Verbunden damit ist eine entsprechende Spannungsaufnahme des Bauelementes. Die jeweilige Raumladung ergibt sich dabei aus der Basisdotierung und aus den entsprechend der Höhe des Rückstromes die Raumladungszone durchfließenden Ladungsträgern, welche durch das elektrische Feld beschleunigt werden. Die Weite der Raumladungszone ist hierbei weitestgehend durch die Beweglichkeiten der bereits ausgeräumten Ladungsträgersorte bestimmt. Das Maximum des Rückstromes, die Rückstromspitze I_{RRM}, wird erreicht, wenn die Diode die gesamte anliegende Sperrspannung erstmals aufgenommen hat (unter Vernachlässigung ohmscher Komponenten). Der Ausräumvorgang setzt sich aufgrund der noch nicht vollständig ausgeräumten Speicherladung weiter fort, wobei jetzt der Rückstrom absinkt.

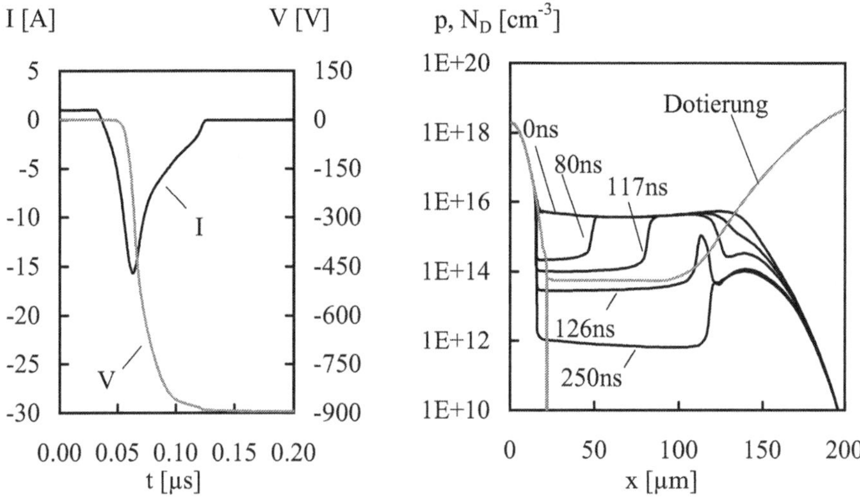

Abbildung 2.7: Strom-, Spannungs- und Ladungsträgerverläufe beim Abschalten einer soften Freilaufdiode

Aufgrund der Stromänderung kommt es jetzt zum weiteren Ansteigen der Spannung über der Diode aufgrund der im Kreis befindlichen, geladenen Induktivität. Dies führt zur Entstehung der Überspannung V_{RRM} [91]. Mit dem Abklingen des Rückstromes erreicht das Bauelement endgültig den Sperrzustand. Aufgrund der vorhandenen Streuinduktivitäten ist der Abschaltvorgang immer von Überspannungen durch die Änderung des Rückstromes begleitet. Dadurch werden entsprechende Verluste verursacht, welche neben der Diode auch umliegende Bauelemente belasten können. Eine Verminderung des Rückstromes läßt sich durch zwei prinzipielle Verfahren erreichen. Eine Verringerung der Ladungsträgerlebensdauer führt zum Abbau eines Teils der Speicherladung, welcher dann nicht mehr über den Rückstrom auszuräumen ist. Eine Reduktion der Speicherladung durch Minimierung der Basisweite oder geringere Überschwemmung der Basis bewirkt ebenfalls eine Verminderung der resultierenden Rückstromspitze. Ziel ist neben einem niedrigeren Rückstrom jedoch vor allem ein sanftes Ausklingen des Rückstromes mit der Zeit, eine solche Diode wird als soft bezeichnet.

Abbildung 2.7 zeigt Strom-, Spannungs- und Ladungsträgerverläufe für eine Freilaufdiode mit softem Verhalten, welche über einen IGBT resistiv abkommutiert wird (siehe Prinzipschaltbild in Abbildung 2.13 auf Seite 29) und daher einen veränderten Spannungsverlauf im Vergleich zu Abbildung 2.6 aufweist. Abbildung 2.8 zeigt die entsprechenden zeitlichen Abhängigkeiten für ein Bauelement mit snappigem Stromverlauf, wo es am Ende des Schaltvorganges zum Abreißen des Rückstromes kommt. Dieser Abriß stellt eine Phase mit sehr hohem $\frac{di}{dt}$ dar, woraus große Überspannungen selbst an kleinsten Induktivitäten resultieren. Die maximale Höhe der erzeugten Spitzenspannung

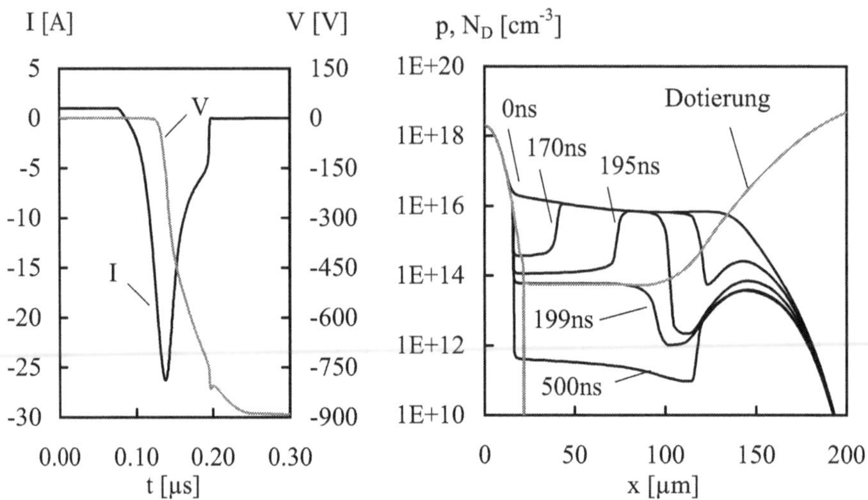

Abbildung 2.8: Strom-, Spannungs- und Ladungsträgerverläufe beim Abschalten einer snappigen Freilaufdiode

V_{RRMS} ergibt sich aus der Summe der aus dem Induktionsgesetz folgenden Spannung sowie der anliegenden Sperrspannung:

$$V_{RRMS} = V_R - L \left| \frac{di}{dt} \right|_{max} \tag{2.15}$$

Die Ursache für den Stromabriß zeigen die Unterschiede der Ladungsträgerverläufe in den Abbildungen 2.7 und 2.8. Zu Beginn des Abschaltvorganges ist die Mittelzone der Diode mit Ladungsträgern überflutet, wobei die Dichte der Elektronen annähernd gleich der Dichte der Löcher ist. Die Höhe der Überflutung liegt bei den üblichen Betriebsstromdichten von ca. $150 A/cm^2$ im Bereich von $10^{16} - 10^{17} cm^{-3}$. Mit dem Freiwerden des pn-Überganges von Ladungsträgern beginnt die Diode Spannung aufzunehmen, zwischen dem pn-Übergang und dem Ladungsträgerberg in der Mittelzone beginnt sich eine Raumladungszone auszubilden. Dabei erfolgt der Ladungsträgerabbau auf der linken Seite durch einen Löcherstrom. Die Geschwindigkeit, mit welcher der Ladungsträgerberg abgebaut wird, hängt von den Ladungsträgerbeweglichkeiten, der Rückstromdichte und der mittleren Ladungsträgerdichte ab [13]:

$$v_l = \frac{\mu_n}{\mu_n + \mu_p} \frac{I_{RR}}{q\overline{n}A} \tag{2.16}$$

Entsprechend wird auf der rechten Seite am nn^+-Übergang der Ladungsträgerberg durch einen Elektronenstrom abgebaut:

$$v_r = \frac{\mu_p}{\mu_n + \mu_p} \frac{I_{RR}}{q\overline{n}A} \qquad (2.17)$$

Der Rückstrom während des Abschaltens nährt sich aus den in dem Ladungsträgerberg gespeicherten Überschußträgern. Da in Silizium die Beweglichkeit der Elektronen ungefähr dreimal höher ist als die der Löcher, erfolgt der Ladungsträgerabbau entsprechend den Beziehungen 2.16 und 2.17 auf der Seite des pn-Überganges deutlich schneller mit $v_l \approx 3v_r$. Die Sperrspannung wird hauptsächlich im freigewordenen Teil auf der p-Seite aufgenommen [13]. Ist der Ladungsträgerberg, wie in Abbildung 2.8 gezeigt, erschöpft bevor der Rückstrom abgeklungen ist, kommt es zum Abreißen des Rückstromes und damit zum snappigen Schaltverhalten der Diode [13]. Es ist daher von Vorteil, dafür Sorge zu tragen, daß sich der verbleibende Ladungsträgerberg auf der rechten Seite der n^--Zone befindet.

Einschaltvorgang

Das Einschalten stellt den Vorgang des Wechsels vom Sperr- in den Durchlaßbetrieb dar. Dieser Vorgang sollte möglichst schnell stattfinden, ohne daß es dabei zum Auftreten nennenswerter Überspannungen oder Verluste kommt. Das Auffüllen der Raumladungszone mit Ladungsträgern, angetrieben durch das elektrische Feld, erfolgt fast augenblicklich. Dahingegen benötigt das anschließende Überschwemmen der Basis mit Ladungsträgern (n=p) deutlich mehr Zeit. Dies hat zwei Gründe - einerseits handelt es sich um einen Diffusionsprozeß, andererseits werden zum Überschwemmen der Basis deutlich mehr Ladungsträger benötigt als zum Auffüllen der Raumladungszone [67].

Durch den anfänglich hohen Bahnwiderstand in der zu diesem Zeitpunkt noch quasi eigenleitenden Basis kommt es kurzfristig zur Ausbildung einer Überspannung an der Diode. Der maximal mögliche Wert der Spannungsspitze ergibt sich aus dem Widerstand der Diodenbasis bei fehlender Injektion [129]:

$$V_{FRM} = \frac{w_B\, J}{q\,\mu_n\,N_D} \qquad (2.18)$$

Diese Überspannung klingt mit zunehmender Überflutung der Basis ab und beendet auf diese Weise den Einschaltvorgang. Ein Beispiel für Strom- und Spannungsverlauf während des Einschaltens zeigt Abbildung 2.9.

Die Überspannung während des Einschaltens ist trotz des relativ langsamen Diffusionsprozesses auf ein kurzes Zeitintervall beschränkt, die mit diesem Vorgang verbundenen Verluste sind demnach gering. Sie können aber trotz allem benachbarte Halbleiterschalter in ihrer Funktion beeinträchtigen [22], so daß die Reduktion des Überspannungspulses während des Einschaltvorganges ein Optimierungsziel insbesondere bei Bauelementen für sehr hohe Sperrspannungen ist. Da sich das Überfluten des Basisgebietes unter Beibehaltung sowohl des Sperrvermögens als auch der Flußspannung kaum

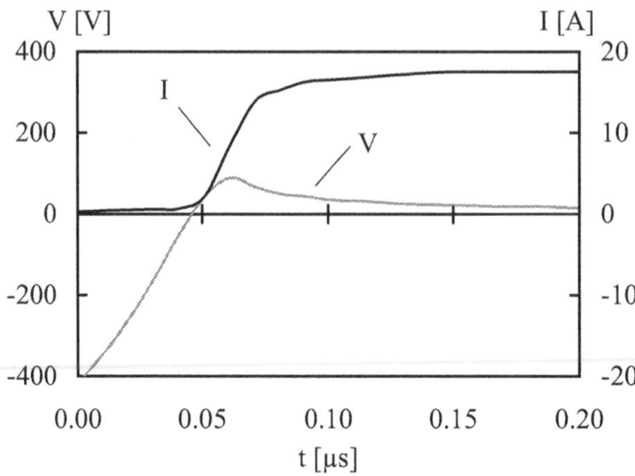

Abbildung 2.9: Strom- und Spannungsverlauf beim Einschalten einer Diode

beschleunigen läßt, bleibt nur die Modifikation der Basis selbst. Hierzu zählen die Wahl einer n-Dotierung, um die höhere Beweglichkeit der Elektronen ausnutzen zu können, und eine entsprechende Einstellung der Basisdotierung und Basisweite.

Im Zusammenwirken von Freilaufdioden mit schnellen Schalterbauelementen wie IGBT's können die Einschaltverluste der Diode selbst im Gesamtsystem vernachlässigt werden. Allerdings beeinflußt die Vorwärtsüberspannung V_{FR} an der Diode die Ausschaltverluste des IGBT, da aufgrund der sehr steilen Schaltflanken die am IGBT entstehende Spannungsspitze $V_{CE_{max}}$ auch bei niedrigen parasitären Induktivitäten sehr hoch werden kann [91]:

$$V_{CE_{max}} = V_{CE} + V_{FR} + L \left. \left| \frac{di}{dt} \right| \right|_{max} \tag{2.19}$$

Dabei ist die maximale Höhe der am IGBT stehenden Spannung durch das Sperrvermögen des Bauelementes vorgegeben. Eine Diode mit geringer Vorwärtsüberspannung erlaubt ein steileres Abschalten des IGBT und ermöglicht so eine Absenkung der Ausschaltverluste im IGBT.

2.1.1.2 Optimierung von Freilaufdioden

Ausgehend vom vorhergehenden Kapitel ergeben sich sehr gegensätzliche Anforderungen an die Gestaltung von Freilaufdioden, so daß letztlich ein optimaler Kompromiß gefunden werden muß. Nachfolgend sollen die unterschiedlichen, sich zum Teil widersprechenden, Anforderungen zusammengefaßt werden [91]:

- Für eine einfache Realisierung der geforderten Sperrspannung ist eine weite Mittelzone notwendig.

- Eine breitere Mittelzone ermöglicht eine größere Speicherladung. Dadurch kann die Diode vor Erschöpfung des Ladungsträgerberges mehr Spannung aufnehmen, womit ein sanfteres Abklingen des Rückstromes ermöglicht wird.

- Eine niedrigere Ladungsträgerdichte am pn-Übergang im Vergleich zum nn^+-Übergang ermöglicht ein schnelleres Freiwerden des pn-Überganges und verringert die Gefahr eines Stromabrisses. Die Ausgangsverteilung der Ladungsträger sollte also asymmetrisch eingestellt werden.

- Für die Mittelzone einer pin-Diode ist n-leitendes Material zu bevorzugen, da sich bei Verwendung von p-Material der Ladungsträgerberg immer unmittelbar in der Nähe des pn-Übergangs befindet und die Diode daher immer snappig ist.

- Die Durchlaßspannung steigt mit der Weite der Mittelzone quadratisch bzw. exponentiell an. Daher sollte die Weite dieses Gebietes möglichst gering sein.

- Für einen geringen Widerstand in den Bahngebieten sollte die Trägerlebensdauer hoch gewählt werden.

- Um die Ausschaltverluste klein zu halten, ist eine niedrige Trägerlebensdauer erforderlich.

- Die Überspannung während des Einschaltens einer Freilaufdiode ist abhängig vom Widerstand der Mittelzone und verringert sich mit einer schmaleren Mittelzone.

Ein guter Kompromiß sollte demzufolge ein softes Recovery-Verhalten bei annäherndem PT-Design aufweisen. Aus dem Zusammenwirken mit Schalterbauelementen, vor allem IGBT's, lassen sich einige weitere Anforderungen an die Eigenschaften von Freilaufdioden aufstellen:

- Die Rückstromspitze während des Ausschaltens soll klein gehalten werden, da sie das aktive Schalterbauelement am meisten belastet. Dies läßt sich z.B. erreichen, in dem ein Teil der Speicherladung in den Tailstrom verlagert wird. Allerdings darf die Zeitdauer des Tails nicht zu hoch sein, da es sonst aufgrund der zu diesem Zeitpunkt schon nahezu vollständig anliegenden Sperrspannung zur thermischen Überlastung des Bauelementes kommen kann. Bei für sehr hohe Sperrspannungen ausgelegten Bauelementen steigt zudem die Avalanche-Gefahr aufgrund der weiten Driftgebiete.

- Steiles Einschalten senkt die Schaltverluste im IGBT, belastet aber die Diode sehr stark. Daher muß die Diode eine hohe Robustheit bezüglich dynamischen Avalanches aufweisen.

Weitere Anforderungen ergeben sich aus dem üblichen Betriebstemperaturbereich von bis zu 150°C und der sehr oft in Modulen anzutreffenden Parallelschaltung mehrerer Bauelemente:

- geringe Streuung der Bauelementeeigenschaften

- positiver Temperaturkoeffizient zumindest im Nennstrombereich

Für die Umsetzung dieser Zielstellungen existiert eine Vielzahl an Lösungsansätzen, welche sich in vier nachfolgend vorgestellte Hauptgruppen unterteilen lassen.

Dimensionierung mit einer breiten Mittelzone

Eine Vergrößerung der Basisweite einer pin-Diode führt zu einer Verbesserung des Recovery-Verhaltens. Dazu wird die Weite der n^-- Zone größer gewählt als sich die Raumladungszone bei maximaler angelegter Sperrspannung ausbreiten kann [106]. Bei entsprechender Dimensionierung kann kein Rückstromabriß mehr erfolgen, da die Diode nach Abbau des Ladungsträgerberges bereits die volle Sperrspannung aufgenommen hat. Hierfür ist aber ungefähr die doppelte Basisweite im Vergleich zur minimal möglichen PT-Dimensionierung (Gleichung 2.4 auf Seite 12) erforderlich, was zu einer annähernden Verdoppelung der Durchlaßspannung führt und somit einen gravierenden Nachteil aufweist. Wirkliches Soft-Recovery-Verhalten (z.B. bei geringen Stromdichten) ist nur durch weitere zusätzliche Maßnahmen realisierbar.

Einführung einer Mittelzone mit Dotierstufe

Die Einführung einer Stufe mit höherer Dotierung in der Mittelzone wurde vorgeschlagen, um die Problematik einer unnötigen Erhöhung der Basisweite zu umgehen [166] und als n-Buffer-Layer-Diode benannt [123].

Erreicht die Raumladungszone in diesem Bauelement die höherdotierte Zone, führt dies zu einem steileren Feldabfall. Daher wird ein Teil dieses Gebietes auch bei voller Sperrspannung nicht von der Raumladungszone erreicht, so daß während des Abschaltvorganges die dort gespeicherte Ladung nach Aufnahme der Spannung abfließen kann und so ein Soft-Recovery-Verhalten unterstützt. Die Dotierung dieser Zone muß so gewählt werden, daß im Sperrfall die Ausbreitung der Raumladungszone begrenzt wird und im Durchlaßfall das gesamte Gebiet noch mit Überschußträgern überschwemmt ist. Trotz einer Verbesserung des Gesamtverhaltens des Bauelementes kann ein den Anforderungen entsprechendes Soft-Recovery-Verhalten erst durch eine axiale Trägerlebensdauereinstellung erreicht werden [91]. Mit einem sehr tiefen und damit entsprechend flach auslaufendem n^+- Profil von der Rückseite her können ähnliche Eigenschaften wie bei Verwendung einer Dotierstufe erreicht werden.

Reduzierung des p-Emitterwirkungsgrades

Möglichkeiten zur Reduzierung des p-Emitterwirkungsgrades mit dem Ziel der asymmetrischen Einstellung der Ladungsträgerverteilung zu Beginn des Abschaltvorganges sind in vielen Abwandlungen zu finden.

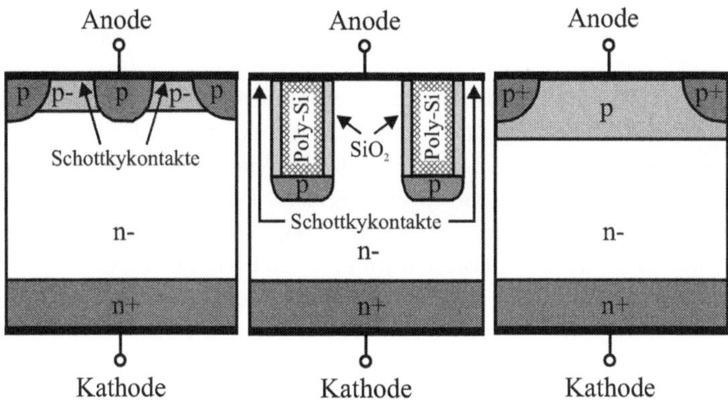

Abbildung 2.10: Emitterstrukturen: a) U-SFD-Struktur b) TOPS-Struktur c) SPEED-Struktur

Die erste p-Emitterstruktur wurde 1982 vorgeschlagen und später als SSD-Diode (Static Shield Diode) bezeichnet [107]. Das Bauelement mit einer Sperrspannung von 200V besteht aus einer lateralen Folge von p^+- und p^-- Zonen bei einer geringen Weite des Mittelgebietes. Im Durchlaßbetrieb wird die Reduzierung des Wirkungsgrads dadurch erreicht, daß nur die p^-- Gebiete den Strom tragen.

Eine weitere Möglichkeit besteht aus einer Folge von lateral angeordneten p^+- Zonen und Schottky - Gebieten [3, 168], welche als Merged Pin/Schottky-Dioden (MPS-Diode) bezeichnet werden. Der Schottkybereich weist keine Löcherinjektion auf, erst wenn im Durchlaßfall die über der Schottky-Teildiode abfallende Spannung die Diffusionsspannung des pn-Überganges erreicht, injizieren die p-Gebiete Ladungsträger in die n^-- Zone. Für Anwendungen im Hochvoltbereich mit Sperrspannungen größer 1000V sind Schottky-Dioden nicht mehr ohne weitergehende Maßnahmen zur Verringerung des prinzipbedingt hohen Sperrstromes einsetzbar. In [104] wird dies für eine 6.5 kV - Diode mit einer lateralen Struktur aus Schottky-Übergängen mit darunterliegenden flachen p^-- Zonen und normalen pn-Übergängen realisiert (U-SFD, Ultra Soft and Fast Recovery Diode). Aufgrund der zusätzlichen p^-- Gebiete wird die Absenkung der Schottky-Barriere vermindert und damit ein niedriger Sperrstrom erzielt (Abbildung 2.10a). Eine weitere Variante realisiert verringerte Sperrströme durch eine gezielte Reduzierung der Ladungsträgerlebensdauer im Gebiet der pn- und Schottkyübergänge und der unmittelbar darunter befindlichen Zone [111]. Eine deutliche Verbesserung der Eigenschaften von MPS-Dioden in Bezug auf niedrige Sperrströme unter Beibehaltung der Vorteile von Schottky-Dioden wird durch eine enge Aufeinanderfolge von Schottky- und pin-Bereichen realisiert [108]. Gute Ergebnisse zeigt die in Abbildung 2.10b dargestellte Struktur unter Nutzung von ganzflächigen Schottky-Übergängen mit am Boden p-kontaktierten Trenchgebieten (Trench Oxide PiN Schottky Diode, TOPS-Diode), neben geringen Sperrströmen wird eine deutliche Reduzierung der Abschaltverluste erreicht [112]. Allerdings ist der technologische Aufwand zur Herstellung solcher Dioden hoch.

Ohne Schottky-Übergänge und den damit verbundenen Problemen kommt die 1986 vorgeschlagene SPEED-Diode aus [131]. Diese Struktur, in Abbildung 2.10c dargestellt, besteht aus einer vergleichsweise niedrigdotierten p-Anode mit hochdotierten p^+- Teilstrukturen. Es sind beide Teilbereiche sperrfähig. Erst bei hohen Stromdichten injizieren die hochdotierten p-Gebiete Löcher und garantieren damit die Stoßstrombelastbarkeit. Es ist ebenfalls möglich, die p^+- Gebiete durch n^+- Gebiete zu ersetzen, die p-Dotierung muß dann im Sperrfall einen Durchgriff des elektrischen Feldes in die n^+- Zone verhindern.

In [68] wird ein ähnlich gutes und zum Teil verbessertes Recovery-Verhalten mit einem durchgehenden p-Gebiet mit abgesenkter Dotierung im Bereich von 10^{16} cm^{-3} und darunter erreicht, wobei die Überstromtragfähigkeit abnimmt. Bei einer Dotierungswahl im Bereich von $10^{17} - 10^{18}$ cm^{-3} wird dieses Problem vermieden [93]. Eine andere Variante zur Verbesserung des Recovery-Verhaltens stellt die Verwendung sehr flacher und niedrig dotierter p-Anodengebiete bei gleichzeitiger globaler Absenkung der Ladungsträgerlebensdauer im gesamten Bauelement dar (Emcon-Diode) [121].

Allen Varianten gemeinsam ist die Reduzierung der auf der p-Seite der Diode injizierten Ladungsträger, so daß die an diesem Ort gespeicherte Ladung kleiner als die am nn^+- Übergang befindliche wird. Bei gleichem Wirkungsprinzip der Strukturen ergeben sich im Hochvoltbereich größer 1000V ähnliche Vor- und Nachteile. Der Vorteil liegt in einer deutlichen Verbesserung des Reverse-Recovery-Verhaltens. Ein Nachteil der Strukturen ist, daß diese Verbesserung oft nur mit einer ca. 40% breiteren n^-- Zone als eigentlich notwendig erzielt werden kann, wodurch Durchlaßspannung und Speicherladung ansteigen.

Anwendung eines axialen Lebensdauerprofiles

Erste Betrachtungen über den Einsatz eines Lebensdauerprofils zur Verbesserung des Schaltverhaltens von Dioden wurden bereits 1977 vorgestellt [57]. Über die Verteilung der Rekombinationszentren im Bauelement gab es jedoch verschiedene Theorien. Während in einigen Arbeiten, wie in Abbildung 2.11a gezeigt, ein Gebiet niedriger Lebensdauer ungefähr in die Mitte der n^--Zone gelegt wurde [148, 149], schlugen andere Autoren ein von der Anodenseite linear abfallendes Rekombinationszentrenprofil wie in Abbildung 2.11b [57] oder eine stufenförmige Lebensdauerabsenkung am pn-Übergang wie in Abbildung 2.11c vor [155]. Erste experimentelle Untersuchungen zeigten schließlich die besten Ergebnisse bei einer Lage des Rekombinationszentrenpeaks am pn-Übergang bzw. in seiner unmittelbaren Umgebung [116, 136], wie es in Abbildung 2.11d dargestellt ist. Dieses Resultat bestätigt sich auch in einer Vielzahl weiterer Arbeiten auf diesem Gebiet [53, 157, 159].

Die Kombination einer globalen, homogenen Lebensdauerabsenkung und einer zusätzlichen lokalen Reduzierung der Trägerlebensdauer am pn-Übergang zusammen mit der Optimierung der Basisweite und einer Reduzierung des Emitterwirkungsgrades führ-

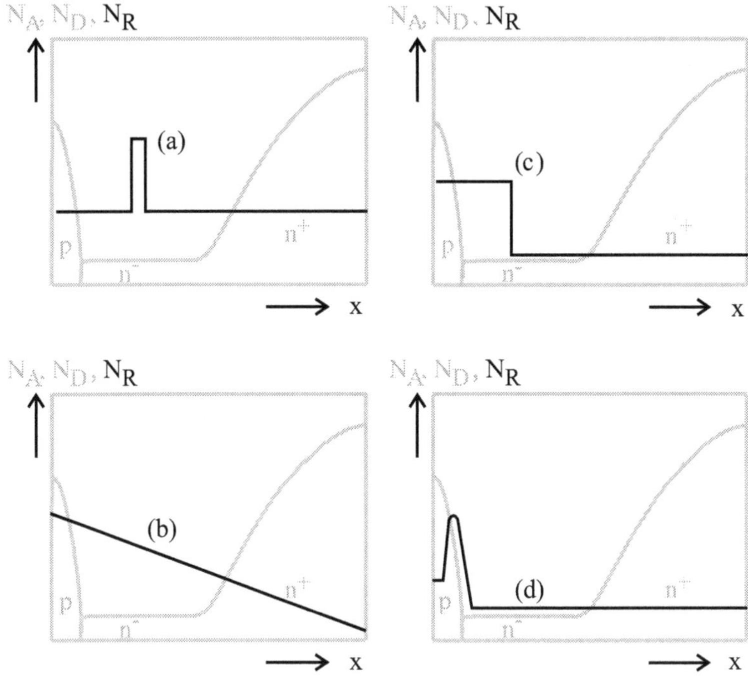

Abbildung 2.11: Mögliche axiale Profile von Rekombinationszentren

te zur Entwicklung der CAL-Diode (Controlled Axial Lifetime) [90, 91, 92]. Diese Bauelemente erfüllen die zu Anfang dieses Kapitels aufgestellten Anforderungen an Freilaufdioden in hohem Maße und weisen sowohl bei hohen Stromanstiegsgeschwindigkeiten als auch bei niedrigen Stromdichten ein softes Recovery-Verhalten auf. Aufgrund der Basisweitenoptimierung ergibt sich eine sehr geringe Weite der Mittelzone, welche dem 1.1fachen der erforderlichen PT-Mindestweite entspricht [91]. Dadurch wird eine homogene Lebensdauerreduzierung erst ermöglicht, da dieser Schritt zwangsläufig zu einem Ansteigen der Durchlaßverluste führt.

In [115] werden im Fall von 600V-Dioden sehr gute Ergebnisse durch eine Kombination aus einer mit p^+- Streifen versehenen, dünnen p-Anode und einer Heliumbestrahlung erreicht. Hier wurde im Vergleich zu einer konventionellen pn-Diode mit Elektronenbestrahlung sowohl eine Reduzierung der Schalt- als auch der Durchlaßverluste erreicht.

Auch die Verbindung des im vorhergehenden Teilabschnitt beschriebenen MPS-Konzeptes mit einer Protonenbestrahlung kurz hinter den pn-Übergang resultiert in Freilaufdioden mit Eigenschaften vergleichbar der CAL-Diode [66]. In [7] wird durch eine Ionenbestrahlung mit Peaklage innerhalb der p-Anode sowie einer Elektronenbestrahlung zur homogenen Einstellung der Grundlebensdauer die Eignung des Konzeptes der axialen Lebensdauereinstellung auch für Freilaufdioden mit hohen Sperrspannungen von 4.5kV nachgewiesen.

Eine weitere vorgestellte Variante besteht aus der Kombination zweier lokaler Lebensdauereinstellungen [59]. Ein Peak befindet sich wiederum im Anodengebiet der Diode, während der zweite Peak sich nahe der Mitte der n^--Zone befindet. Durch die Teilschädigung des Siliziums aufgrund der verwendeten Protonenimplantation kommt es ebenfalls zu einer Absenkung der Lebensdauer im Gebiet vor dem zweiten Rekombinationszentrenmaximum. Auch mit dieser Vorgehensweise lassen sich die anfangs gestellten Anforderungen an Freilaufdioden umsetzen.

Darüber hinaus wurden weitgehende Untersuchungen über die Anwendung einer Kombination mehrerer lokaler Lebensdauerabsenkungen sowie der Maskierung von Teilgebieten durchgeführt [109, 110, 157]. Die Kombination mehrerer lokaler Lebensdauerabsenkungen resultiert in vergleichbaren Ergebnissen wie in [59], wobei die besten Ergebnisse bei einer Kombination aus drei Heliumbestrahlungen gefunden werden [157]. Diese Vorgehensweise erzeugt innerhalb der p-Anode ein stark aufgeweitetes Zentrenprofil. Problematisch wird jedoch der vergleichsweise hohe Anstieg des Sperrstromes, welcher zu einer deutlichen Verringerung der Sperrfähigkeit führt. Die Maskierung von Teilgebieten zur Realisierung lebensdauerabgesenkter Zonen ist eine weitere Möglichkeit [110], welche jedoch einen hohen Aufwand erfordert. Daher erscheint diese Variante nur für sehr spezielle Anwendungsfälle als sinnvoll.

2.1.2 IGBT

2.1.2.1 Grundaufbau und Funktionsweise

Der IGBT (Insulated Gate Bipolar Transistor) wird aufgrund seiner vergleichsweise unkomplizierten Steuerbarkeit, den relativ geringen Schaltverlusten und der hohen Robustheit in immer weiterem Umfang als Schalter in einer Vielzahl leistungselektronischer Systeme eingesetzt. Mit der Entwicklung von Bauelementen immer höherer Sperrfähigkeit bis zu 6.5kV kann der IGBT weiter zunehmend "klassische" Schalter wie Thyristoren oder GTO's ersetzen [165]. Der IGBT, welcher in der Literatur auch als COMFET oder IGT bezeichnet wird, wurde zu Beginn der 80er Jahre nahezu zeitgleich von mehreren Autoren vorgestellt [5, 12, 127]. IGBT's sind Leistungsbauelemente, welche die Vorteile einer leistungslosen Steuerung über ein isoliertes Gate mit den Schalteigenschaften bipolarer Bauelemente verbinden. IGBT's gibt es mittlerweile in vielen verschiedenen Ausführungsformen, die wichtigste IGBT-Familie auf dem Gebiet hochsperrender Leistungsbauelemente ist dabei die der vertikalen IGBT. Grundaufbau und Ersatzschaltbild eines vertikalen IGBT sind in Abbildung 2.12 dargestellt [2, 55, 74]. Außer dem in Abbildung 2.12 vorgestelltem IGBT mit planarer Oberflächenstruktur gibt es ebenfalls Bauelemente mit einer Trenchgatestruktur. Neben dem hier gezeigten Ersatzschaltbild finden sich in der Literatur noch weitere Varianten, oft wird der IGBT auch als Kombination aus einer pin-Diode und einem gesteuerten Widerstand dargestellt [4, 153].

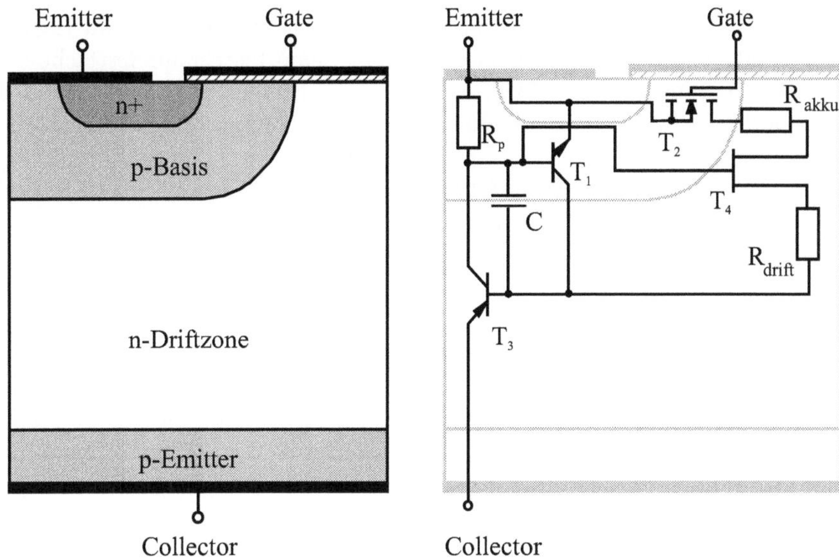

Abbildung 2.12: Grundaufbau und Ersatzschaltbild eines IGBT

Die Bezeichnungen der drei Kontakte, Emitter, Collector und Gate, weisen deutlich auf die Eigenschaften des IGBT hin. Der IGBT besitzt eine Vierschichtstruktur, welche immer einen parasitären Thyristor (aus den Transistoren T_1 und T_3) bildet. Das in Abbildung 2.12 gezeigte Ersatzschaltbild basiert auf der Annahme einer Kombination eines DMOS-Transistors (T_2) mit einem pnp-Bipolartransistor (T_3). Die Kapazität C steht für die Kapazität des in Sperrrichtung gepolten Übergangs der p-Basis zum niedrigdotierten n^-- Driftgebiet. Der Widerstand R_{drift} beschreibt den Einfluß des n^-- Driftgebietes, R_{akku} ist der Widerstand der Akkumulationsschicht und R_p beschreibt den Widerstand des p-Basisgebietes. Die ebenfalls parasitäre JFET-Struktur (T_4) steht für die Einschnürung des Stromflusses durch die sich vom p-Basisgebiet her in das Driftgebiet ausdehnende Raumladungszone.

Durchlaßverhalten und Latch-Up

Das Steuerpotential am Gatekontakt steuert den eingangsseitigen MOSFET T_2 auf, so daß ein Elektronenstrom vom Emitter des Transistors T_1 (n^+-Gebiet) durch den aufgesteuerten Kanal über die n^-- Driftzone der Gesamtanordnung zum rückseitigen pn-Übergang fließt. Dieser Strom würde bei einem vertikalen MOS-Transistor einen Spannungsabfall von ungefähr 10V über dem Driftgebiet verursachen. Der Elektronenstrom an diesem beim IGBT zusätzlichen pn-Übergang bewirkt hier eine Injektion eines Löcherstromes in die p-Basis an der Oberseite des IGBT, so daß der ausgangsseitige pnp-Transistor T_3 öffnet. Aus diesem Grund wird das rückseitige p-Gebiet entsprechend seiner Wirkungsweise auch als p-Emitter bezeichnet. Die Trägerdichte im Basisgebiet von T_3 steigt aufgrund der Löcherinjektion auf das Zehn- bis Einhundertfache an. Die Steuerung des Ausgangsstroms erfolgt im jetzt vorliegenden Einschaltzustand durch Modulation der Leitfähigkeit, die ortsabhängige Leitfähigkeit ergibt sich wie folgt:

$$\kappa = q\left(n\mu_n + p\mu_p\right) \approx qp\left(\mu_n + \mu_p\right) \tag{2.20}$$

Diese grundlegende Funktion des IGBT wird ebenfalls vom Verhalten des parasitären npn-Transistors T_1 beeinflußt. Aufgrund der Ladungsneutralität im Driftgebiet und der bestehenden Hochinjektion ist die Dichte der Elektronen und Löcher annähernd gleich, so daß der Stromfluß zum Teil auch von den Löchern übernommen wird. Der den gesperrten pn-Übergang zwischen p-Basis und Driftzone überwindende Löcherstrom bewegt sich aus der Driftzone kommend unterhalb der n^+- Wanne nahezu lateral durch die p-Basis zum Emitterkontakt. Er verursacht dabei einen Spannungsabfall am Widerstand R_p, der bei entsprechend hohem Strom ausreicht, den Transistor T_1 zu öffnen. In diesem Fall kann das Verhalten des Bauelementes nicht mehr von der Steuerelektrode beeinflußt werden, es kommt zum Einrasten (Latch-Up) des Thyristors entsprechend nachstehender Zündbedingung:

$$\gamma_{E_{npn}}\beta_{T_{npn}} + \gamma_{E_{pnp}}\beta_{T_{pnp}} \geq 1 \tag{2.21}$$

Hierbei bezeichnet γ_E den Emitterwirkungsgrad und β_T den Basistransportfaktor des jeweiligen Transistors.

Der Widerstand der p-Basis und damit der Basiswiderstand des parasitären npn-Transistors ergibt sich einmal aus der Höhe der p-Dotierung N_A sowie der Löcherbeweglichkeit μ_p und andererseits aus dem Verhältnis der Länge des Bulkgebietes unter dem n-Emitter l_B zur Kanallänge l_{ch}:

$$R_p = \frac{1}{q\int\left(N_A\left(x\right)\mu_p\left(x\right)\,dx\right)}\frac{l_B}{l_{ch}} \tag{2.22}$$

Dem Latch-Up-Verhalten muß bei der Entwicklung von IGBT besonderes Augenmerk geschenkt werden, da der Anwendungsbereich der Bauelemente dadurch wesentlich beschränkt wird. Durch verschiedene Maßnahmen ist es möglich, die Festigkeit eines IGBT gegenüber Latch-Up-Erscheinungen zu sehr hohen Stromdichten zu verschieben, welche in der Praxis z.B. wegen der thermischen Überlastung des Bauelementes nicht auftreten dürfen. Allerdings beeinflussen diese Maßnahmen immer auch andere wichtige Kennwerte des IGBT. Oft wird das Durchlaßverhalten des Bauelementes verschlechtert, was zu einer immensen Erhöhung der statischen Verluste im Transistor führen kann und damit auf andere Weise den Arbeitsbereich des Bauelementes begrenzt. Zur Verbesserung der Latch-Up Festigkeit werden in der Literatur verschiedene Möglichkeiten vorgestellt, welche diese Nachteile weitestgehend vermeiden sollen. Die vorgestellten Varianten beruhen oft darauf, durch eine Erhöhung der p-Dotierung unmittelbar unter der n^+- Wanne den Widerstand R_p zu verringern und somit das Erreichen der Zündbedingung zu höheren Stromdichten zu verschieben [6, 72, 80].

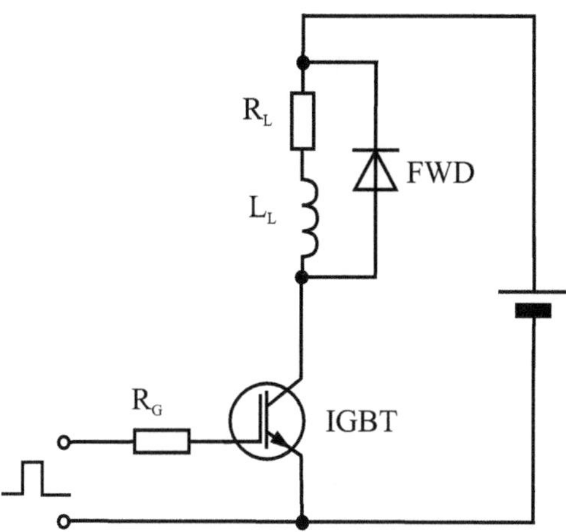

Abbildung 2.13: Prinzipschaltbild für IGBT-Kommutierung gegen eine induktive Last

Eine Verbesserung der Latch-Up-Festigkeit läßt sich ebenfalls durch eine Absenkung der Trägerlebensdauer erreichen. Ein Beispiel dafür ist die homogene Absenkung der Trägerlebensdauer in Punch-Through-IGBT auf Basis von Substratmaterialien durch eine Platindiffusion.

Ausschaltvorgang

Beim Abschalten eines IGBT ist, im Unterschied zum Bipolartransistor, nicht die Möglichkeit gegeben, die in der Basis des pnp-Transistors in Form von Minoritätsladungsträgern gespeicherte Ladung durch Anlegen einer negativen Spannung abfließen zu lassen, da diese nicht kontaktiert ist. Dazu kommt, daß die Basis dieses Transistors sehr breit ist. Der Ladungsabbau im IGBT findet daher zu weiten Teilen erst statt, nachdem das Bauelement abgeschaltet ist und bereits die volle Sperrspannung aufgenommen hat. Der dann fließende Strom wird als Tailstrom bezeichnet und bestimmt weitestgehend die Abschaltverluste. Es ist daher erforderlich, den Tailstrom so weit wie möglich zu minimieren. Ein kleiner Emitterwirkungsgrad sowie ein kleiner Transportfaktor tragen zu einer Verringerung des Tailstromes bei. Ein geringer Tailstrom ist ebenfalls im Sinne einer hohen Latch-Up-Festigkeit vor allem im dynamischen Betrieb notwendig.

Abbildung 2.13 zeigt das prinzipielle Schaltbild für das Schalten eines NPT-IGBT's gegen eine induktive Last mit Freilaufdiode, wie sie in der Mehrzahl aller Anwendungen zu finden ist [64, 96, 113, 118, 120]. Der Ausschaltvorgang eines IGBT beginnt mit dem Abschalten der Gatespannung über den Gatewiderstand. Abbildung 2.14 zeigt die zeitlichen Verläufe von Collectorstrom und -spannung, der Gatespannung sowie der Ladungsträgerverläufe im Bauelement.

Zu Beginn des Abschaltvorganges ($t < t_1$) bleibt der Collectorstrom zunächst an-

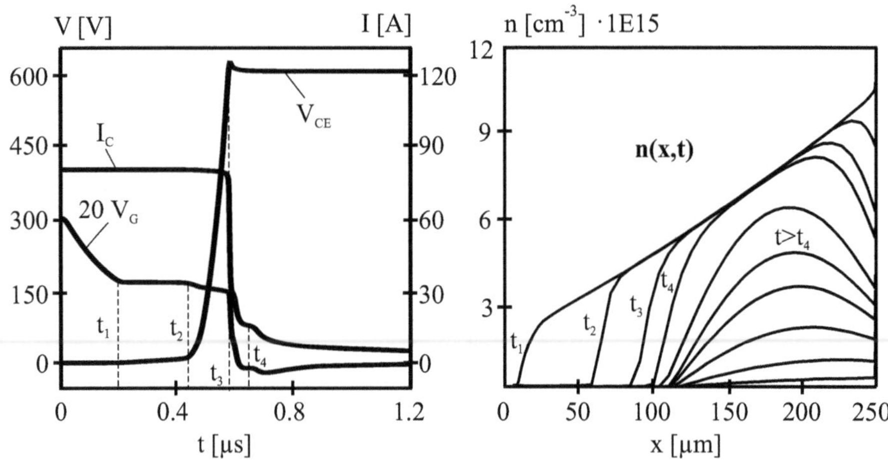

Abbildung 2.14: Schematische Strom-, Spannungs- und Ladungsträgerverläufe während des Abschaltens eines 1.2kV NPT-IGBT

nähernd konstant, während die Spannung über dem Bauelement nur sehr langsam ansteigt. Während des Abschaltens der Gatespannung verbleibt diese eine Zeit auf einem bestimmten und nahezu gleichbleibendem Wert, dem sogenannten Millerplateau ($t_1 < t < t_2$). Die Gatespannung liegt hier noch über der Schwellspannung und ermöglicht weiterhin das Tragen des Laststromes. Dieser Effekt wird durch die Miller-Kapazität verursacht, welche im wesentlichen durch die Gate-Drain-Kapazität C_{GD} des MOS-Transistors T_2 bestimmt wird. Die gesamte Millerkapazität C_{Mi} setzt sich aus der Gate-Drain-Kapazität C_{GD}, der Steilheit g_{fs} und der (u.U. komplexen) Last Z am Drain des MOSFET T_2 zusammen [15]:

$$C_{Mi} = (1 + g_{fs}Z)C_{GD} \tag{2.23}$$

Diese Kapazität weist eine starke Abhängigkeit vom Wert der Drain-Source-Spannung über T_2 auf. Ist $V_{DS} < V_{GS}$ so ist der MOS-Transistor T_2 eingeschaltet und unterhalb des Gateoxids bildet sich im Draingebiet eine Akkumulationsschicht mit Majoritätsträgern. Wird nun $V_{DS} > V_{GS}$ (in der Anfangsphase des Abschaltens eines IGBT) so bildet sich eine Raumladungszone unterhalb des Draingebietes aus, deren Dicke sich mit steigender V_{DS} erhöht. Dies resultiert in einer Verringerung der Gate-Drain-Kapazität C_{GD}. Das Absinken dieser Kapazität führt konsequenterweise auch zu einem kleineren Wert der Millerkapazität. Das Millerplateau wird demnach durch den Abfluß der in der Millerkapazität gespeicherten Ladungsträger verursacht, welche infolge der Verringerung der Millerkapazität der sinkenden Gatespannung entgegenwirken. Nach dem Beenden dieser Umladevorgänge sinkt die Gatespannung schließlich wieder ab und bewirkt ein Zusteuern des MOS-Kanals und damit eine Abnahme des Elektronenstroms. Der durch die Induktivität L_L getriebene Strom bleibt aber weiter konstant und muß im Bauelement durch einen ansteigenden Löcherstrom übernommen werden. Gleichzeitig beginnt das Bauelement Spannung aufzunehmen, entsprechend dehnt sich die Raumladungszone vor allem von der Oberseite her zunehmend aus, wobei die Ladungsträgerdichte im Inneren des Bauelementes zunächst noch unverändert bleibt.

Im weiteren Ausschaltverlauf überschreitet die am IGBT anliegende Spannung zum Zeitpunkt t_3 die Zwischenkreisspannung, wodurch der durch die Induktivität eingeprägte und immer noch nahezu konstante Strom beginnt, auf die Freilaufdiode FWD zu kommutieren. Demzufolge sinkt der Strom durch den IGBT. Wie bereits ausgeführt, wird die Spannungsüberhöhung nach dem erstmaligen Erreichen der Zwischenkreisspannung zum Teil auch durch die Freilaufdiode verursacht. Diese ist während des Einschaltvorganges noch nicht mit Ladungsträgern überschwemmt und weist daher kurzzeitig eine deutlich erhöhte Flußspannung auf (siehe Seite 19). Schließlich ist der MOS-Kanal vollständig abgebaut und der durch den IGBT fließende Strom wird ausschließlich durch den Löcherstrom getragen.

Das Einsetzen des Tailstroms in der letzten Phase des Abschaltens zum Zeitpunkt t_4 ist ein Indiz dafür, daß die Raumladungszone nahezu ihre maximale Ausdehnung erreicht hat [113]. Ursache des Tailstromes ist der Abbau des verbleibenden, nicht von der Raumladungszone erreichten Ladungsträgerberges im Volumen des Bauelementes. Der Tailstrom nimmt mit der Zeit infolge der Rekombination im Ladungsträgerplasma ab, bis schließlich nur noch der stationäre Sperrstrom fließt. Damit ist der Abschaltvorgang des IGBT abgeschlossen.

Einschaltvorgang

Abbildung 2.15 zeigt die prinzipiellen Verläufe von Strom, Spannung und Ladungsträgern für das Einschalten eines IGBT gegen induktive Last. Die Beschaltung des IGBT ist hierbei identisch der des Abschaltvorganges (Abbildung 2.13 auf Seite 29).

Ebenso wie der Ausschaltvorgang läßt sich auch der Einschaltvorgang in mehrere Phasen unterteilen [113]. Nach dem Anlegen der Ansteuerspannung beginnt nach einer kurzen Verzögerungszeit zum Zeitpunkt t_1 die Gatespannung anzusteigen. Zum Zeitpunkt t_2 erreicht der Betrag der Gatespannung zum ersten Mal die Schwellspannung, womit sich der MOS-Kanal auszubilden beginnt und ein Elektronenstrom fließen kann. Mit einer gewissen zeitlichen Verzögerung setzt die Injektion von Löchern aus dem Rückseitenemitter in die n-Driftzone ein, womit der Gesamtstrom durch den IGBT als auch die Löcher- und Elektronenstromkomponente stark ansteigen. Zum Zeitpunkt t_3 beginnt sich die Spannung über dem IGBT zunächst sanft und im weiteren zeitlichen Verlauf immer stärker zu vermindern. Dadurch wird die Freilaufdiode FWD in Sperrrichtung gepolt und die Speicherladung aus der Diode ausgeräumt, wodurch die Überstromspitze im Collectorstromverlauf zum Zeitpunkt t_4 hervorgerufen wird. Diese Rückstromspitze kann je nach Eigenschaften der Freilaufdiode und äußerer Beschaltung ein Mehrfaches des Nennstromes erreichen. Im gleichen Maße, wie sich die Spannung über dem IGBT vermindert, wird die Raumladungszone im IGBT abgebaut, es kommt

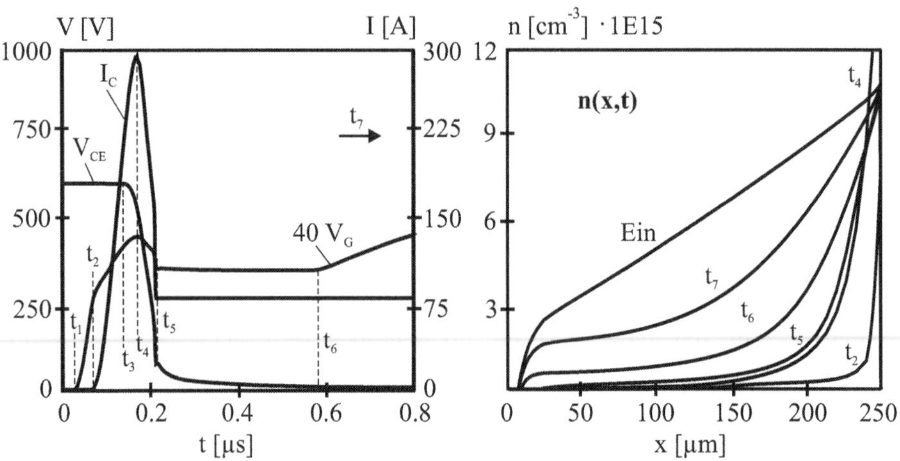

Abbildung 2.15: Schematische Strom-, Spannungs- und Ladungsträgerverläufe während des Einschalten eines 1.2kV NPT-IGBT

zunehmend zu einer Überschwemmung des IGBT mit Ladungsträgern wie in Abbildung 2.15 dargestellt ist.

Nach der Rückstromspitze verbleibt die Gatespannung zwischen den Zeitpunkten t_5 und t_6 auf einem nahezu konstanten Niveau. Analog dem Ausschaltvorgang wird auch diese Phase als Millerplateau bezeichnet. Zum Zeitpunkt t_5 erreicht der Strom durch den IGBT außerdem seinen Nennwert. Gleichzeitig verringert sich die Geschwindigkeit des Spannungsabfalls, wobei die Spannung über dem IGBT zu diesem Zeitpunkt immer noch ein Vielfaches der Flußspannung beträgt. Im weiteren Verlauf wird der IGBT immer stärker mit Ladungsträgern überflutet, wodurch die Spannung über dem IGBT kontinuierlich abnimmt. Nach Erreichen des Endes des Millerplateaus zum Zeitpunkt t_6 steigt die Gatespannung weiter an und erreicht zum Zeitpunkt $t_7{}^1$ den stationären Endwert V_{G0}. Auch zu diesem Zeitpunkt ist die Flußspannung über dem IGBT noch nicht endgültig auf ihren stationären Wert abgesunken, die Überschwemmung mit Überschußträgern im Gebiet der Driftzone nimmt weiter zu.

Sperreigenschaften

Die Sperrfähigkeit des Bauelementes wird normalerweise durch Avalanchegeneration begrenzt. Der über die p-Wanne gezogene Gatekontakt kann den kritischen Teil des gesperrten pn-Überganges ausreichend schützen und ermöglicht damit eine entsprechend hohe Sperrspannung, welche im wesentlichen von der Länge der Driftzone und den Dotierungsverläufen abhängig ist. Der Avalanchedurchbruch findet bei entsprechend

---

[1]Dieser Zeitpunkt wurde aus Übersichtsgründen nicht mehr in die Darstellung der Strom- und Spannungsverläufe in Abbildung 2.15 aufgenommen.

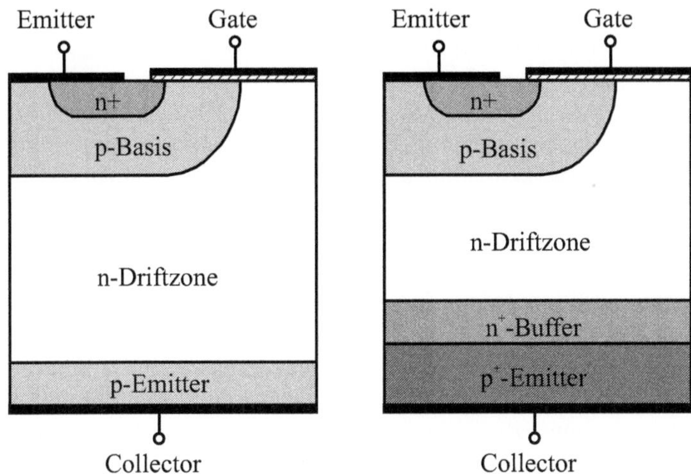

Abbildung 2.16: NPT- und PT-IGBT-Struktur

hoher angelegter Sperrspannung an der Verrundung der p-Wanne der Einzelzelle statt. Einen großen Einfluß auf das Avalancheverhalten des Gesamtbauelementes mit seiner Vielzahl von Einzelzellen hat die Gestaltung des Randes, da hier die Sperrspannung auch lateral aufgenommen werden muß.

Auch bei IGBT's lassen sich, wie schon bei den Dioden, die zwei Fälle Non-Punch-Through (NPT) und Punch-Through (PT) für die Aufnahme der Sperrspannung unterscheiden, je nachdem ob die Raumladungszone nicht durchgreifen kann oder in eine höherdotierten Zone hineinreicht (Abbildung 2.16). PT-IGBT's weisen daher ein zusätzliches, höherdotiertes n-Gebiet zwischen dem p-Rückseitenemitter und der n$^-$- Driftzone auf. Bezüglich der Sperrspannungsdimensionierung gelten näherungsweise ähnliche Gesichtspunkte wie bei der Dimensionierung einer pin-Diode, so daß hier auf den entsprechenden Abschnitt in Kapitel 2.1.1.1 verwiesen wird [113].

2.1.2.2 Eigenschaften von PT- und NPT-IGBT

Punch-Through-IGBT (PT-IGBT) bestehen aus einem hochdotierten p-Substrat, auf welchem eine hochdotierte dünne n$^+$ - Bufferschicht und anschließend eine entsprechend dem geforderten Sperrvermögen gering dotierte und entsprechend dicke n$^-$ - Schicht abgeschieden wird. PT-IGBT lassen sich mit dieser Technologie insbesondere für kleinere Sperrspannungen um 600V vorteilhaft herstellen. NPT-Typen dieser Sperrspannungsklasse können aufgrund der notwendigen geringen Waferdicke des Bauelements von ca. 100 μm nur mit hohem Aufwand bearbeitet werden. Aufgrund der stärkeren Überflutung der Driftzone mit Überschußträgern in Verbindung mit einer geringeren vertikalen Ausdehnung kann die Ladungsträgerlebensdauer im Driftgebiet von PT-IGBT abgesenkt werden. Das ermöglicht schneller schaltende Bauelemente mit geringeren Ausschaltverlusten und ähnlichen Durchlaßverlusten im Vergleich zu konventionellen NPT-IGBT's. Vorteilhaft werden PT-IGBT auch beim Übergang zu hohen Sperrspannungen $V_{BR} > 3.5$ kV [27, 34, 73], da bei NPT-IGBT sowohl die Durchlaßverluste als auch die Schaltverluste aufgrund der erforderlichen niedrigdotierten und sehr weiten n-Driftzone stark zunehmen. Bei hohen Sperrspannungen ist es für die Herstellung von PT-IGBT's nicht mehr notwendig, teure Epitaxieschichten aufwachsen zu lassen. Stattdessen werden n-Bufferschicht sowie der p-Emitter von der Rückseite her implantiert bzw. eindiffundiert. Es ergeben sich nun weitere Freiheitsgrade, um die Eigenschaften der Bauelemente weiter zu verbessern. Eine Möglichkeit ist das Einbringen von Kurzschlüssen des p-Emitters durch den n-Buffer, wodurch das Injektionsverhaltens des p-Emitters kontrolliert und das Schaltverhalten des IGBT's verbessert werden kann [150]. Eine weitere Möglichkeit besteht darin, einen sehr dünnen p-Emitter zu realisieren. Dadurch können die Minoritätsträger den Rückseitenkontakt nahezu ohne Rekombinationsverluste erreichen [9]. Solche Emitterstrukturen werden als transparent bezeichnet und ermöglichen gleichermaßen die Reduktion der Schaltverluste. Eine dritte Realisierungsmöglichkeit ist die Absenkung der Ladungsträgerlebensdauer unmittelbar am Übergang vom n-Buffer zur n^-- Driftzone [103].

Zur Herstellung von Non-Punch-Through-IGBT's (NPT-IGBT's) werden niedrig dotierte und vergleichsweise dünne Substrate verwendet, in welche von der Rückseite eine p-Dotierung eingebracht wird. Das Substrat wirkt hier als Driftzone, aufgrund der Substratdicke (ca. 220μm bei einem Standard-1.2kV-IGBT) ist keine Bufferschicht erforderlich, die gesamte Sperrspannung fällt über dem Substrat ab. Der Tailstromansatz ist bei NPT-IGBT ebenso wie der anschließend abfließende Tailstrom niedriger als bei PT-IGBT, dauert dafür aber länger an. Da der Betrag des Tailstromes kleiner ist, wird die Gefahr eines dynamischen Latch-Up während des Abschaltens verringert. NPT-IGBT weisen daher in der Regel eine höhere Robustheit auf. Bei Beherrschung von Dünnwafertechnologien lassen sich auch NPT-Bauelemente für niedrige Sperrspannungen von 600V mit hervorragenden statischen und dynamischen Kennwerten realisieren [81]. Die konsequente Umsetzung dieser hier gewonnenen technologischen Erfahrungen ermöglicht in Verbindung mit einer sogenannten Feldstopschicht die Verringerung der notwendigen Waferdicke für 1.2kV IGBT auf Werte kleiner als 140μm [89]. Diese Feldstopschicht befindet sich zwischen dem p-Rückseitenemitter und der n^-- Driftzone und stellt letztlich eine sehr dünne und relativ niedrig dotierte zusätzliche n-Schicht dar, so daß sich im Sperrfall eine trapezförmige Feldverteilung wie bei einem PT-IGBT einstellt. Typische NPT-IGBT-Vorteile wie der niedrige Emitterwirkungsgrad als auch die hohen Ladungsträgerlebensdauern bleiben jedoch erhalten.

Ein weiterer typischer Vorteil von NPT-IGBT ist der positive Temperaturkoeffizient. Das bedeutet ein Absinken des Collectorstromes mit der Temperatur bei gleicher Collector-Emitter-Spannung. Dies ermöglicht eine leichtere Parallelisierung der Bauelemente. Darüber hinaus bewirkt das mit steigender Temperatur absinkende Sättigungsstromniveau im Kurzschlußfall eine gewisse Begrenzung des Kurzschlußstromes.

2.2 Rekombination in Silizium

Allgemein beschreibt die Rekombination eines Elektron-Loch-Paares den Übergang eines Elektrons von einem Zustand höherer Energie (Leitungsband) in einen Zustand niedrigerer Energie (Valenzband). Damit verbunden ist die Verringerung der Elektronenanzahl im Leitungsband und der Löcherzahl im Valenzband um je einen Ladungsträger. Die Rekombinationsrate R beschreibt, wieviele Ladungsträgerpaare je Volumen und Zeiteinheit rekombinieren. Im thermodynamischen Gleichgewicht ist die Rekombination ebenso wie der inverse Vorgang der thermischen Generation mit der Generationsrate G ein stationärer Prozeß, der eine zeitlich konstante mittlere Gleichgewichts-Ladungsträgerdichte bewirkt. Werden durch äußere Störungen, wie dem Einbringen von Überschußladungsträgern durch Injektion, die Gleichgewichtsdichten verändert, bewirkt die jetzt nichtstationäre Rekombination die Rückführung des Ladungsträgersystems in den Gleichgewichtszustand nach dem Abklingen der Störung. Ein Maß für das Abklingen dieser Störung ist die Nettorekombinationsrate U, welche wie in Gleichung 2.24 dargestellt mit der mittleren Lebensdauer τ der Überschußladungsträger verknüpft ist:

$$U = R - G = \frac{\delta n}{\tau} \tag{2.24}$$

Im folgenden sollen die grundlegenden für das Material Silizium als indirektem Halbleiter in Frage kommenden Rekombinationsprozesse und ihre wichtigsten Eigenschaften vorgestellt werden. Der umfangreichste Teil behandelt die Shockley-Read-Hall-Statistik (SRH-Rekombination) als das für die Lebensdauereinstellung an Leistungsbauelementen wichtigste Modell. Es wird insbesondere auf die Herleitung der entsprechenden Beziehungen sowie die wichtigen Näherungen Generationslebensdauer, Hoch- und Niederinjektion eingegangen.

2.2.1 Intrinsische Rekombinationsprozesse

2.2.1.1 Strahlende Band-Band-Rekombination

Bei diesem Rekombinationsprozeß wird die freiwerdende Energie in Form elektromagnetischer Strahlung abgegeben. Aufgrund der indirekten Bandstruktur von Silizium wird zur Erhaltung des Wellenzahlvektors ein Phonon benötigt (Abbildung 2.17). Die Rekombinationsrate ergibt sich wie folgt:

$$R = Bnp \tag{2.25}$$

Die Bestimmung des Koeffizienten B ist durch die sehr geringe Wahrscheinlichkeit dieses Prozesses erschwert. In Silizium dominieren immer andere Rekombinationsprozesse, wodurch die strahlende Rekombination nicht direkt gemessen werden kann. Eine Möglichkeit bietet aber z.B. die van Roosbroeck-Shockley-Beziehung [125] oder die Absolutmessung der emittierten Intensität bei bekannter Ladungsträgerdichte. Auf diesem Weg wurde der Koeffizient B für eine Temperatur von 300K mit $B = 1.1 \cdot 10^{-14} cm^3 s^{-1}$ bestimmt [40].

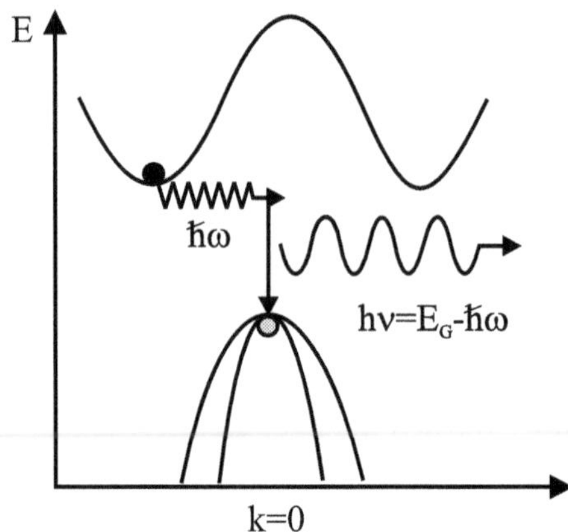

Abbildung 2.17: Strahlender Band-Band-Übergang in Silizium

2.2.1.2 Band-Band-Auger-Rekombination

Die Band-Band-Auger-Rekombination stellt den dominierenden Rekombinationsprozeß in reinem Silizium dar [26, 31, 45, 49, 76, 77, 86, 152]. Im Auger-Rekombinationsprozeß wird grundsätzlich frei werdende Energie auf ein drittes Teilchen übertragen. Dieses Teilchen wiederum gibt seine Energie z.B. über Elektron-Phonon-Wechselwirkung wieder an das Gitter ab und relaxiert zur ursprünglichen Position an der Bandkante.

In Silizium dominieren zwei Varianten der Band-Band-Auger-Rekombination: einmal ein phononfreier Prozeß unter Beteiligung zweier Elektronen und eines Loches (eeh-Prozeß, Abbildung 2.18 links) sowie ein Prozeß unter Beteiligung eines Elektrons und zweier Löcher sowie eines Phonons zum Erhalt des Wellenzahlvektors (ehh-Prozeß, Abbildung 2.18 rechts).

Ursprünglich wurden für den phononenfreien eeh-Prozeß nur vergleichsweise kleine Auger-Koeffizienten erwartet, erst 1988 konnte durch eine direkte numerische Berechnung des eeh-Auger-Koeffizienten [75] die gute Übereinstimmung insbesondere der schwachen Temperaturabhängigkeit mit gemessenen experimentellen Ergebnissen [26] für diesen Prozeß nachgewiesen werden. Für den ehh-Prozeß ergibt sich im Falle eines phononenassistierten Prozesses eine sehr gute Übereinstimmung mit dem Experiment [86], so daß man heute davon ausgeht, daß der ehh-Prozeß unter Phononenbeteiligung abläuft [45].

Für die Rekombinationsrate bei Band-Band-Auger-Rekombination R_{AU} gilt:

$$R_{AU} = -C_n\, p\, n^2 - C_p\, p^2\, n \tag{2.26}$$

Hierbei ist C_n der Auger-Koeffizient für den eeh-Prozeß und C_p der Auger-Koeffizient für den ehh-Prozeß. Für die Minoritätsträger-Lebensdauer gilt bei dominierender Auger-Rekombination die nachstehende Beziehung, wobei in n-Silizium der erste Summand

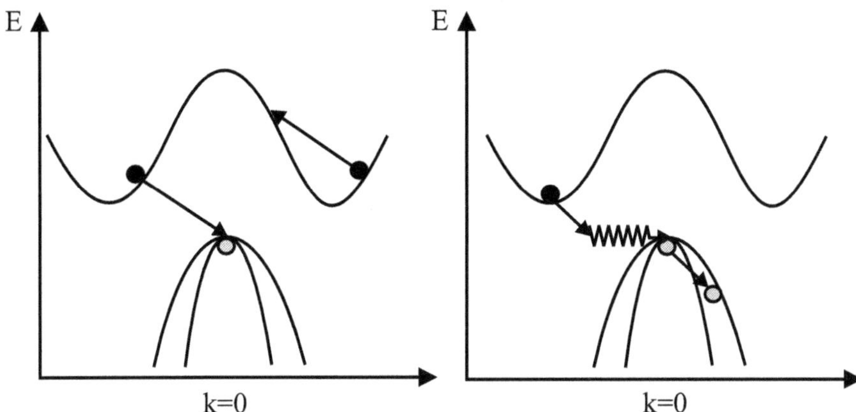

Abbildung 2.18: Band-Band-Auger-Rekombination in Silizium. Links der phononenfreie eeh-Prozeß, rechts der ehh-Prozeß unter Phononenbeteiligung

und in p-Silizium der zweite Summand im Nenner dominiert:

$$\tau = \frac{1}{C_n\,n^2 + C_p\,p^2} \tag{2.27}$$

Für eine Temperatur von 300K gelten folgende Werte für die Augerkoeffizienten [26]:

$$C_n = 2.8 \cdot 10^{-31} cm^6 s^{-1} \tag{2.28}$$

$$C_p = 9.9 \cdot 10^{-32} cm^6 s^{-1} \tag{2.29}$$

2.2.2 Extrinsische Rekombinationsprozesse

2.2.2.1 Statistik der Rekombination über tiefe Störstellen

Störstellenzustände entstehen durch Gitterbaufehler oder Verunreinigungen und führen zu zusätzlichen, charakteristischen Energieniveaus in der Bandlücke. Elektronen und Löcher können über diese Energieniveaus in der Bandlücke rekombinieren, wobei der Prozeß in zwei Stufen abläuft - die Störstelle fängt sukzessive ein Elektron und ein Loch ein. Viele grundlegende Eigenschaften des Rekombinationsprozesses können aus dieser Zweistufennatur erklärt werden. Ein statistisches Modell für diesen Rekombinationsprozeß, welcher die eigentlichen physikalischen Einfangprozesse nicht berücksichtigt, wurde 1952 zeitgleich von verschiedenen Autoren vorgeschlagen und entsprechend als Shockley-Read-Hall-Statistik bzw. Shockley-Read-Hall-Rekombination (im weiteren jeweils kurz als SRH-Rekombination) bezeichnet [46, 134].

Eine Störstelle (das Rekombinationszentrum) kann mit dem Leitungs- und Valenzband wechselwirken, so daß eine Situation wie in Abbildung 2.19 dargestellt vorliegt.

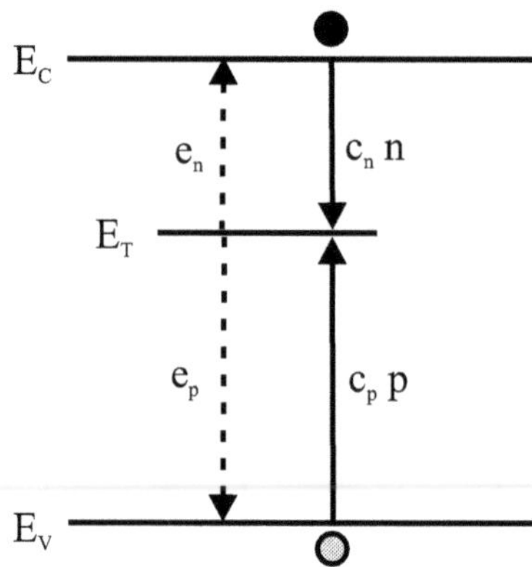

Abbildung 2.19: Rekombination über eine tiefe Störstelle (SRH-Rekombination)

Bei der in diesem Fall vorliegenden akzeptorischen Störstelle wird also zunächst ein Elektron aus dem Leitungsband eingefangen und anschließend ein Loch aus dem Valenzband. Das Rekombinationszentrum kann demnach zwei um eine Ladung differierende Ladungszustände einnehmen, in diesem Fall neutral oder einfach negativ geladen. Liegt eine donatorartige Störstelle vor, kann das Rekombinationszentrum neutral oder einfach positiv geladen vorliegen. Darüber hinaus gibt es auch mehrfach ionisierte Doppeldonatoren oder -akzeptoren, welche jeweils eine einfache oder doppelte Ladung aufweisen. Schließlich findet man noch Zentren, die durch drei oder mehr Ladungszustände sowohl akzeptor- wie auch donatorartig in Erscheinung treten können. Diese Art von Zentren kann allerdings nicht mehr mit der SRH-Statistik beschrieben werden, da hier von nur zwei möglichen Ladungszuständen ausgegangen wird [134].

Ein weitere Grundannahme der SRH-Theorie ist, daß die Übergangsraten in eine Störstelle nur durch die Zahl der zur Verfügung stehenden Elektronen und Löcher begrenzt sind, nicht jedoch durch die Relaxationsvorgänge eingefangener Träger. Die Existenz langlebiger angeregter Zustände der Störstelle würde die Anzahl der zur Verfügung stehenden Rekombinationszentren reduzieren. Im Falle hinreichend langer Relaxationszeiten ist dann eine Sättigung der Rekombinationsrate zu erwarten und erfordet eine Erweiterung der Modellgleichungen [24].

Die quantitative Beschreibung der Rekombination über tiefe Störstellen basiert auf einem System gekoppelter nichtlinearer Differentialgleichungen. In dieses System gehen folgende Parameter ein:

- die Elektronen- und Löchereinfangraten c_n und c_p, welche den Ladungsträgereinfang beschreiben

- die die Ladungsträgeremission beschreibenden Emissionskoeffizienten e_n und e_p

- die Konzentration N_T der Störstellen sowie deren Besetzungsgrad

- die energetische Lage des Rekombinationszentrums E_T in der Bandlücke

Die Wahrscheinlichkeit des Einfangs eines Elektrons aus einem bestimmten Energieintervall dE in eine Störstelle hängt von der Zahl der mit Elektronen besetzten Zustände in diesem Energieintervall im Verhältnis zur Anzahl der freien (besetzbaren) Zustände ab:

$$C(E) = f_{pt}\, N_T\, c_n(E)\, f(E)\, N(E)\, dE \qquad (2.30)$$

Die Zahl der besetzten Energiezustände ergibt sich hier aus dem Produkt der Anzahl der elektronischen Zustände $N(E)$ im Intervall dE und der Besetzungswahrscheinlichkeit $f(E)$. Das Produkt aus der Wahrscheinlichkeit der Nichtbesetzung einer Störstelle f_{pt} und der Störstellenkonzentration N_T ergibt die Anzahl der besetzbaren Störstellenzustände. Der Proportionalitätsfaktor für den Einfang aus dem Energieintervall dE ist hierbei $c_n(E)$. Entsprechenderweise folgt für die Emissionsrate aus einer Störstelle in einen bestimmten Energiebereich:

$$E(E) = f_t\, N_T\, e_n(E)\, f_p(E)\, N(E)\, dE \qquad (2.31)$$

Die Zahl der besetzten Störstellenzustände ergibt sich hier aus der Störstellenkonzentration N_T und der Besetzungswahrscheinlichkeit f_t, die Anzahl der besetzbaren energetischen Zustände ergibt sich aus der Zustandsdichte $N(E)$ im Energieintervall dE und der zugehörigen Wahrscheinlichkeit der Nichtbesetzung $f_p(E)$. Der Faktor $e_n(E)$ steht hier für die Emission aus dem Energieintervall dE.

Die Besetzungswahrscheinlichkeiten f und f_p ergeben sich unter der Voraussetzung des thermischen Gleichgewichts der Ladungsträger untereinander:

$$f = \frac{1}{1 + exp\left(\frac{E-F}{k_B T}\right)} \qquad (2.32)$$

$$f_p = 1 - f \qquad (2.33)$$

$$f_p = \frac{exp\left(\frac{E-F}{k_B T}\right)}{1 + exp\left(\frac{E-F}{k_B T}\right)} \qquad (2.34)$$

Die Besetzungswahrscheinlichkeiten in den Fermi-Dirac-Funktionen 2.32 und 2.34 hängen wesentlich von der Lage des entsprechenden Fermi-Niveaus F ab. Im Falle von Elektronen ist das Quasi-Fermi-Niveau F_n einzusetzen. Der Anteil der besetzten Störstellenniveaus läßt sich ebenfalls durch ein Quasi-Fermi-Niveau F_T beschreiben. Im thermodynamischen Gleichgewicht ergibt sich für die Quasi-Fermi-Niveaus der Elektronen und Störstellen Gleichheit:

$$F_n = F_T \qquad (2.35)$$

In diesem Fall folgt aus dem Prinzip des detaillierten Gleichgewichtes, daß die Emissions- und Einfangrate für Elektronen gleich sein muß. Davon ausgehend, kann schließlich das Verhältnis zwischen Emissionsrate e_n und Einfangkoeffizient c_n bestimmt werden. Für die Nettoeinfangrate (also Einfang weniger Emission) innerhalb des Energieintervalls dE ergibt sich Gleichung 2.36:

$$dU_{cn} = \left[f_{pt}\, f\,(E) - f_t\, f_p\,(E)\, \frac{e_n}{c_n} \right] N_T\, c_n\,(E)\, N\,(E)\, dE \qquad (2.36)$$

Im thermodynamischen Gleichgewicht müssen nun weiterhin sowohl für Elektronen als auch Löcher die Einfang- und Emissionsraten gleich sein. Damit wird der erste Term auf der rechten Seite von Gleichung 2.36 zu Null und es läßt sich folgender Zusammenhang zwischen Einfang- und Emissionskoeffizienten ableiten:

$$\frac{e_n}{c_n} = exp\left(\frac{E_T - E}{k_B T} \right) \qquad (2.37)$$

Nach dem Einsetzen von Gleichung 2.37 in Gleichung 2.36 erhält man für die Nettoeinfangrate:

$$U_{cn} = \left[1 - exp\left(\frac{F_T - F_n}{k_B T} \right) \right] f_{pt}\, N_T \cdot \int_{E_C}^{\infty} f\,(E)\, N\,(E)\, c_n\,(E)\, dE \qquad (2.38)$$

Die gesamte effektive Einfangrate für Elektronen U_{cn} ergibt sich nun aus der Integration der Nettoeinfangrate nach Gleichung 2.38 über alle Energieintervalle dE. Die Integration erstreckt sich von der unteren Leitungsbandkante über alle höheren Energiezustände. Befindet sich das System im Gleichgewicht, wird aufgrund der Gleichheit von F_T und F_n der erste Term auf der rechten Seite von Gleichung 2.38 zu Null; es werden also keine Elektronen mehr eingefangen. Ist dagegen der Wert von F_n größer als der Wert von F_T, ergibt sich eine höhere Elektronendichte im Leitungsband im Vergleich zum Zustand der Störstellen, der exponentielle Term wird kleiner als Eins und es resultiert eine Nettorekombinationsrate.

Im Falle nichtentarteter Halbleiter erhält man nach der Integration von Gleichung 2.38 folgenden Ausdruck für die Nettoeinfangrate der Elektronen:

$$U_{cn} = \left[1 - exp\left(\frac{F_T - F_n}{k_B T} \right) \right] f_{pt}\, N_T\, n\, c_n \qquad (2.39)$$

Die Elektronendichte n hängt hier neben dem Quasi-Fermi-Niveau der Elektronen von der effektiven Zustandsdichte im Leitungsband ab:

$$n = N_C\, exp\left(\frac{F_n - E_C}{k_B T} \right) \qquad (2.40)$$

Die effektive Zustandsdichte im Leitungsband ergibt sich aus der Integration des letzten Terms in Gleichung 2.38 in Abhängigkeit von der absoluten Temperatur T und der effektiven Elektronenmasse m_o^* schließlich zu:

$$N_C = 2 \left(\frac{2\,\pi\,m_e^* k_B T}{h^2} \right)^{\frac{3}{2}} \tag{2.41}$$

Aufgrund der Nichtentartung des Halbleiters wird die Besetzungswahrscheinlichkeit für Löcher f_p nahezu gleich für alle Zustände innerhalb des Leitungsbandes. Damit folgt, daß die Emissionsrate entsprechend Gleichung 2.31 nur noch von der Besetzungswahrscheinlichkeit der Störstellen für Elektronen f_t abhängt. Weiterhin führt das Einsetzen der Beziehung 2.40 für die Berechnung der Elektronendichte in Gleichung 2.39 zum Wegfall der Abhängigkeit der Nettoeinfangrate vom Quasi-Fermi-Niveau der Elektronen. Somit ergibt sich folgende Beziehung:

$$f_{pt}\, n\, exp \left(\frac{F_T - F_n}{k_B T} \right) = f_t\, N_C\, exp \left(\frac{E_T - E_C}{k_B T} \right) \equiv f_t\, n_1 \tag{2.42}$$

Die Größe n_1 ist ein Maß für die Anzahl der Elektronen im Leitungsband bei Gleichheit des Störstellenniveaus E_T mit dem Fermi-Niveau F_T :

$$n_1 = N_C\, exp \left(\frac{E_T - E_C}{k_B T} \right) = n_i\, exp \left(\frac{E_T - E_I}{k_B T} \right) \tag{2.43}$$

Mit Hilfe von n_1 kann jetzt die Nettoeinfangrate für Elektronen wie folgt berechnet werden:

$$U_{cn} = c_n\, N_T\, f_{pt}\, n - c_n\, N_T\, f_t\, n_1 \tag{2.44}$$

Dementsprechend läßt sich ebenfalls ein Ausdruck für die Nettoeinfangrate der Löcher herleiten:

$$p_1 = N_V\, exp \left(\frac{E_V - E_T}{k_B T} \right) = n_i\, exp \left(\frac{E_I - E_T}{k_B T} \right) \tag{2.45}$$

$$U_{cp} = c_p\, N_T\, f_t\, p - c_p\, N_T\, f_{pt}\, p_1 \tag{2.46}$$

Aus diesen Beziehungen kann nun die Rekombinationsrate für Nichtgleichgewichtsbedingungen hergeleitet werden. Ausgegangen wird von der Generation von Elektronen-Loch-Paaren mit einer konstanten Generationsrate infolge z.B. von Ladungsträgerinjektion, so daß ein Gleichgewichtszustand vorliegt und die Nettoeinfangraten für Elektronen und Löcher (Gleichungen 2.44 und 2.46) gleich sein müssen:

$$c_n\, N_T\, n\, (1 - f_t) - c_n\, N_T\, f_t\, n_1 = c_p\, N_T\, f_t\, p - c_p\, N_T\, p_1\, (1 - f_t) \tag{2.47}$$

Damit lassen sich nun die Besetzungswahrscheinlichkeiten f_t und f_{pt} bestimmen:

$$f_t = \frac{c_n\, N_T\, n + c_p\, N_T\, p_1}{c_n\, (n + n_1) + c_p\, (p + p_1)} \tag{2.48}$$

$$f_{pt} = 1 - f_t = \frac{c_n\,N_T\,n_1 + c_p\,N_T\,p}{c_n\,(n + n_1) + c_p\,(p + p_1)} \tag{2.49}$$

Nach dem Einsetzen der Beziehungen 2.48 und 2.49 in die Ratenausdrücke 2.44 und 2.46 ergibt sich schließlich die Beziehung zur Bestimmung der Nettorekombinationsrate:

$$R_{SRH} = \frac{c_n\,c_p\,N_T\,(pn - p_1 n_1)}{c_n\,(n + n_1) + c_p\,(p + p_1)} \tag{2.50}$$

Das Produkt aus n_1 und p_1 ist unabhängig vom Störstellenniveau E_T, es gilt:

$$n_i^2 = p_1 n_1 \tag{2.51}$$

Die Größe n_i ist die Eigenleitungsdichte in einem intrinsischen Halbleiter, wo die Elektronen- und Löcherdichte gleich sind. Das zugehörige Fermi-Niveau E_I eines eigenleitenden (intrinsischen) Halbleiters ergibt sich entsprechend der nachstehenden Beziehung:

$$E_I = \frac{1}{2}\,(E_C - E_V) + \frac{1}{2}k_B T\,ln\left(\frac{N_V}{N_C}\right) \tag{2.52}$$

Gleichung 2.51 führt zusammen mit den Minoritätsträgerlebensdauern für Elektronen und Löcher

$$\tau_{n0} = \frac{1}{c_n N_T} \tag{2.53}$$

$$\tau_{p0} = \frac{1}{c_p N_T} \tag{2.54}$$

zu der bekannten Form der SRH-Formel:

$$R_{SRH} = \frac{pn - n_i^2}{\tau_{po}\,(n + n_1) + \tau_{n0}\,(p + p_1)} \tag{2.55}$$

2.2.2.2 Beschreibung durch Ratengleichungen

Für die komplette Beschreibung von Rekombinationsvorgängen innerhalb eines Simulators ist die Erfassung der zeitabhängigen Umladungseffekte der Störstellen erforderlich. Eine Möglichkeit dafür bietet die Verwendung von Ratengleichungen.

Die Nettoeinfangraten für Elektronen und Löcher entsprechend den Gleichungen 2.44 und 2.46 lassen sich auch, hier für einen einfachen Akzeptor wie in Abbildung 2.19 dargestellt, in der nachstehenden Form aufstellen [128, 139, 163]:

$$\frac{dn}{dt} = e_n\,N_{TA}^- - n\,c_n\,\left(N_{TA} - N_{TA}^-\right) \tag{2.56}$$

$$\frac{dp}{dt} = e_p \left(N_{TA} - N_{TA}^- \right) - p \, c_p \, N_{TA}^- \tag{2.57}$$

mit der Forderung nach Ladungserhaltung:

$$\frac{dN_{TA}^-}{dt} = \frac{dp}{dt} - \frac{dn}{dt} \tag{2.58}$$

Nachdem durch eine äußere Anregung Ladungsträgerpaare erzeugt wurden, ensteht zunächst eine gleich große Anzahl an Elektronen und Löchern. Eine Differenz zwischen beiden Überschußträgerdichten kann in der Folge nur durch die Umladung von Störstellenzuständen bewirkt werden. Die Gleichungen 2.56 und 2.57 beschreiben die zeitliche Änderung der Überschußladungsträgerdichten. Der erste Term der rechten Seite von Gleichung 2.56 steht dabei für die Emission von Elektronen aus der ionisierten Störstelle ins Leitungsband, während sich der zweite Term auf den Einfang von Elektronen in den nichtgeladenen Störstellenanteil bezieht. Entsprechendes gilt für die Prozesse, welche durch Gleichung 2.57 beschrieben werden.

Die Ladungsträgerkonzentrationen n und p ergeben sich aus der Summe der jeweiligen Gleichgewichtskonzentrationen n_0 und p_0 sowie den Überschußdichten δn und δp:

$$n = n_0 + \delta n \tag{2.59}$$

$$p = p_0 + \delta p \tag{2.60}$$

Für die Gleichgewichtsdichten gilt:

$$n_0 = n_i \, exp \left(\frac{E_F - E_I}{k_B T} \right) \tag{2.61}$$

$$p_0 = n_i \, exp \left(\frac{E_I - E_F}{k_B T} \right) \tag{2.62}$$

Die Emissionsraten e_n und e_p ergeben sich als abgeleitete Größen aus dem thermodynamischen Gleichgewicht mit der Forderung nach Gleichheit der Raten für die Emission und den Einfang (Gleichung 2.37):

$$e_n = c_n \, n_i \, exp \left(\frac{E_T - E_I}{k_B T} \right) \tag{2.63}$$

$$e_p = c_p \, n_i \, exp \left(\frac{E_I - E_T}{k_B T} \right) \tag{2.64}$$

Die Emissionsraten für Elektronen und Löcher differieren stark, wenn sich die Störstelle nicht unmittelbar in der Mitte der Bandlücke befindet. Normalerweise spielt dann die jeweils größere Emissionsrate eine Rolle, daher für Störstellen in der unteren Hälfte der Bandlücke die Löcheremissionsrate und die Elektronenemissionsrate für Störstellen in der oberen Hälfte.

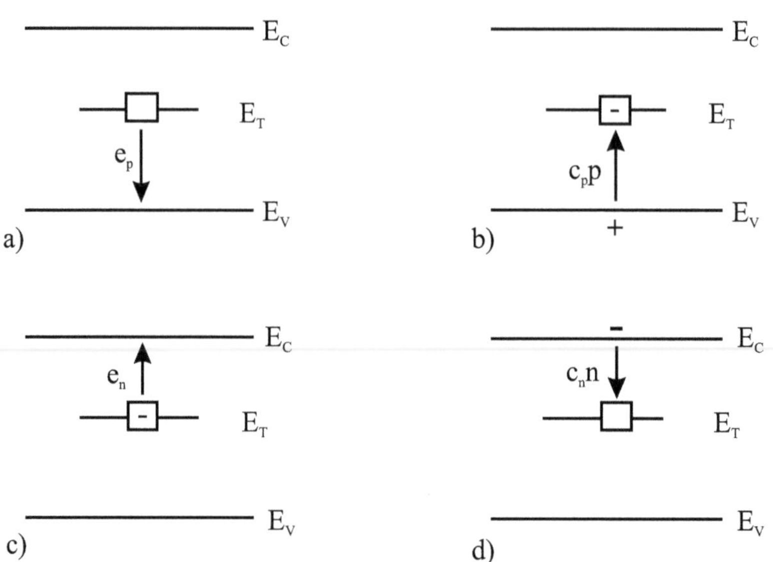

Abbildung 2.20: Mögliche Wechselwirkungen eines Akzeptorniveaus: a) Thermische Emission von Löchern in das Valenzband b) Löchereinfang aus dem Valenzband c) Thermische Emission von Elektronen in das Leitungsband d) Elektroneneinfang aus dem Leitungsband

Aus den Zusammenhängen 2.56, 2.57 und 2.58 ergibt sich der negativ geladene Anteil der akzeptorischen Störstellen zu:

$$\frac{dN_{TA}^-}{dt} = e_p \left(N_{TA} - N_{TA}^- \right) - p\, c_p\, N_{TA}^-$$

$$-e_n\, N_{TA}^- + n\, c_n \left(N_{TA} - N_{TA}^- \right) \tag{2.65}$$

Die vier Terme auf der rechten Seite der Gleichung beschreiben in ihrer Reihenfolge die thermische Emission von Löchern ins Valenzband, den Einfang von Löchern aus dem Valenzband, die thermische Emission von Elektronen ins Leitungsband und schließlich den Einfang von Elektronen aus dem Leitungsband. Diese grundlegenden Vorgänge sind in Abbildung 2.20 veranschaulicht.

Gleichung 2.65 läßt sich unter der Grundvoraussetzung lösen, daß sich die Ladungsträgerkonzentration während der Umladung der Störstellen nicht ändert:

$$N_{TA}^-(t) = N_{TA,0}^- + \left(N_{TA}^- \left(t = 0 \right) - N_{TA,0}^- \right)$$

$$\cdot exp\left[- \left(e_n + e_p + n\, c_n + p\, c_p \right) t \right] \tag{2.66}$$

Die Gleichgewichtskonzentration geladener Störstellen läßt sich analog Beziehung 2.47 aus der Betrachtung des thermodynamischen Gleichgewichtes herleiten. Es gilt weiterhin, daß die thermische Emission der Ladungsträger unabhängig von der freien Ladungsträgerkonzentration sein muß. Es liegt demnach keine zeitliche Änderung der Anzahl sowohl der freien Ladungsträger als auch der ionisierten Störstellen vor:

$$\frac{dn}{dt} = \frac{dp}{dt} = \frac{dN_{TA}^-}{dt} = 0 \tag{2.67}$$

Der Anteil der geladenen Akzeptorniveaus ergibt sich damit zu:

$$N_{TA,0}^- = N_{TA} \frac{e_p + n\, c_n}{e_n + e_p + n\, c_n + p\, c_p} \tag{2.68}$$

Die Zeitkonstante des Abklingvorganges nach Gleichung 2.66 wird durch den größten Term im Argument der Exponentialfunktion bestimmt. In Raumladungszonen mit $n, p \approx 0$ wird dies die größere der Emissionsraten e_n und e_p sein, während in neutralen Bahngebieten der die Majoritätsträgerkonzentration enthaltende Term dominieren wird. In Raumladungszonen wird die Ladungsträgerrelaxation daher meist langsamer als in den Bahngebieten erfolgen, durch die Temperaturabhängigkeit der Emissionsraten wird sie im Gegensatz zu den Bahngebieten stark von der Temperatur abhängen.

Entsprechende Beziehungen lassen sich leicht für donatorische Störstellen aufstellen:

$$\frac{dn}{dt} = e_n \left(N_{TD} - N_{TD}^+ \right) - n\, c_n\, N_{TD}^+ \tag{2.69}$$

$$\frac{dp}{dt} = e_p\, N_{TD}^+ - p\, c_p \left(N_{TD} - N_{TD}^+ \right) \tag{2.70}$$

$$\frac{dN_{TD}^+}{dt} = \frac{dn}{dt} - \frac{dp}{dt} \tag{2.71}$$

Auch hier folgt der Anteil der ionisierten donatorischen Störstellen zu

$$\frac{dN_{TD}^+}{dt} = e_n \left(N_{TD} - N_{TD}^+ \right) - n\, c_n\, N_{TD}^+$$
$$-e_p\, N_{TD}^+ + p\, c_p \left(N_{TD} - N_{TD}^+ \right) \tag{2.72}$$

mit der Lösung wieder unter der Bedingung, daß die Umladung der Störstellen keinen Einfluß auf die Ladungsträgerkonzentrationen hat:

$$N_{TD}^+(t) = N_{TD,0}^+ + \left(N_{TD}^+ (t = 0) - N_{TD,0}^+ \right)$$
$$\cdot exp\left[- \left(e_n + e_p + n\, c_n + p\, c_p \right) t \right] \tag{2.73}$$

Analog gilt für die Gleichgewichtskonzentration der ionisierten donatorischen Störstellen:

$$\frac{dn}{dt} = \frac{dp}{dt} = \frac{dN_{TD}^+}{dt} = 0 \tag{2.74}$$

$$N_{TD,0}^+ = N_{TD} \, \frac{e_n + p \, c_p}{e_n + e_p + n \, c_n + p \, c_p} \tag{2.75}$$

2.2.2.3 Näherungen für Grenzfälle

In den Fällen starker Injektion, schwacher Injektion oder dem Vorliegen einer Raumladungszone lassen sich verschiedene Näherungen ableiten, welche entsprechend eine Hochinjektionslebensdauer τ_{HL}, eine Niederinjektionslebensdauer τ_{LL} oder eine Generationslebensdauer τ_{SC} beschreiben.

Für die Ableitung ist zunächst die Momentanlebensdauer τ zu betrachten, die wesentlich von der vorliegenden Überschußträgerkonzentration δn (mit $\delta n = \delta p$) abhängt:

$$\tau = \frac{\delta n}{R} \tag{2.76}$$

Für die Rekombinationsrate R wäre hier die Summe aller Teilrekombinationsraten einzusetzen. Insofern keine hohen Dotierungen und Ladungsträgerdichten vorliegen, können jedoch alle Anteile bis auf die SRH-Rekombinationsrate vernachlässigt werden. In diesem Zusammenhang soll nochmal darauf hingewiesen werden, daß die Rekombinationsrate R selbst ebenfalls von der Überschußträgerkonzentration δn abhängt. Ausgehend von Gleichung 2.76, der SRH-Formel 2.55 sowie den Beziehungen 2.59 und 2.60 ergibt sich nachstehender Ausdruck für die Abhängigkeit der Momentanlebensdauer:

$$\tau = \tau_{p0} \left(\frac{n_0 + n_1 + \delta n}{n_0 + p_0 + \delta n} \right) + \tau_{n0} \left(\frac{p_0 + p_1 + \delta n}{n_0 + p_0 + \delta n} \right) \tag{2.77}$$

Die Momentanlebensdauer in Abhängigkeit der Überschußträgerdichte hängt demnach auch wechselseitig von der Position der Störstelle sowie der Lage des jeweiligen Ferminiveaus ab. Die Differentation von Gleichung 2.77 nach der Überschußträgerdichte δn ermöglicht weitergehende Aussagen bezüglich dieser Abhängigkeiten:

$$\frac{d\tau}{d\delta n} = \frac{\tau_{p0} \, (p_0 - n_1) \, \tau_{n0} \, (n_0 - p_0)}{(n_0 + p_0 + \delta n)^2} \tag{2.78}$$

Befindet sich die Störstelle in einem n-Halbleiter oberhalb des Ferminiveaus, wird sich die effektive Lebensdauer mit steigender Überschußträgerdichte verringern. Ein solches Zentrum wird also unter Hochinjektionsbedingungen als effektives Rekombinationszentrum wirken, während es in Raumladungszonen kaum als Generationszentrum wirksam wird. Befindet sich die Störstelle dagegen unterhalb des Ferminiveaus, erhöht sich die effektive Lebensdauer mit steigender Überschußträgerdichte, das Zentrum stellt ein wirksames Generationszentrum dar.

Hochinjektionslebensdauer

Die Hochinjektionslebensdauer stellt eine wichtige Größe bei der Betrachtung von Vorgängen in bipolaren Leistungsbauelementen dar, da in der Regel sowohl im Durchlaßfall als auch über weite Bereiche der Schaltvorgänge hohe Überschußträgerdichten in Gebieten niedriger Grunddotierung (z.B. der Driftzone) erzeugt werden. Hochinjektion liegt bei Erfüllung folgender Bedingung vor:

$$\delta n \gg n_0, p_0, n_1, p_1 \tag{2.79}$$

Die Überschußträgerdichte muß also sehr viel höher als die Ladungsträgerdichten im Gleichgewicht sein. Desweiteren hat über die Größen n_1 und p_1 auch die Lage der Störstelle (siehe Gleichungen 2.43 und 2.45 auf Seite 41) Einfluß auf Erfüllung der Hochinjektionsbedingung 2.79. Je näher sich eine Störstelle an einer Bandkante befindet, um so höher muß die Überschußträgerdichte für das Vorliegen des Hochinjektionsfalles sein. Ist diese Bedingung nicht erfüllt, dann ist die Rekombinationsrate und damit auch die Lebensdauer abhängig von der vorliegenden Überschußträgerdichte. Die Lebensdauer bei Vorliegen von Hochinjektion ist unabhängig von der Lage der Störstelle und wird durch die Minoritätslebensdauern bestimmt:

$$\tau_{HL} = \tau_{n0} + \tau_{p0} \tag{2.80}$$

Entsprechend der Abhängigkeit der Minoritätsträgerlebensdauern τ_{n0} und τ_{p0} von der Störstellenkonzentration und den Einfangkoeffizienten (Gleichungen 2.53 und 2.54 auf Seite 42) wird bei größeren Abweichungen zwischen Elektronen- und Löchereinfangkoeffizient der kleinere Wert die Hochinjektionslebensdauer kontrollieren. Auch das Temperaturverhalten der Hochinjektionslebensdauer wird dann durch die Temperaturabhängigkeit des betreffenden Einfangkoeffizienten bestimmt.

Niederinjektionslebensdauer

Im Niederinjektionsfall ist die Dichte der Überschußträger sehr klein im Vergleich zu den Gleichgewichtskonzentrationen:

$$\delta n \ll n_0, p_0 \tag{2.81}$$

Damit ergibt sich für die Niederinjektionslebensdauer:

$$\tau_{LL} = \tau_{p0} \frac{n_0 + n_1}{n_0 + p_0} + \tau_{n0} \frac{p_0 + p_1}{n_0 + p_0} \tag{2.82}$$

Die Niederinjektionslebensdauer wird demnach von der Störstelle mit bandmittennächster Lage und gegebenenfalls durch n_1 kontrolliert. Da in n-Halbleitern die Gleichgewichtskonzentration der Elektronen größer als die der Löcher ist, wird die Niederinjektionslebensdauer dann nur durch die Lebensdauer der Minoritäten (hier also der Löcher) kontrolliert:

$$\tau_{LL} = \tau_{p0} \left(1 + \frac{n_1}{n_0} \right) \tag{2.83}$$

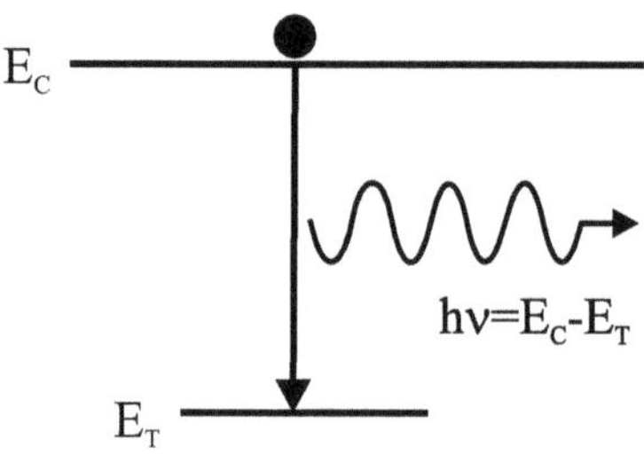

Abbildung 2.21: Strahlender Einfang eines Elektrons in eine Störstelle

Entsprechendes gilt in p-Halbleitern. Die Temperaturabhängigkeit der Niederinjektionslebensdauer wird weitestgehend durch den jeweiligen Minoritätsträgereinfangkoeffizienten kontrolliert [14].

Generationslebensdauer

Innerhalb von Raumladungszonen ist die Dichte freier Ladungsträger verschwindend klein, es sind keine Überschußträger vorhanden. Somit gilt die nachstehende Randbedingung:

$$n, p \ll n_i, n_1, p_1 \tag{2.84}$$

Für die Berechnung der Generationslebensdauer ergibt sich folgende Gleichung:

$$\tau_{SC} = \tau_{p0} \exp\left(\frac{E_T - E_I}{k_B T}\right) + \tau_{n0} \exp\left(\frac{E_I - E_T}{k_B T}\right) \tag{2.85}$$

Die Generationslebensdauer wird um so größer, je näher sich eine Störstelle an der Bandmitte befindet. Da die Generationslebensdauer den Generationsanteil des Sperrstromes kontrolliert, wird das Sperrverhalten von Bauelementen wesentlich beeinflußt. Bei der Einstellung der Ladungsträgerlebensdauer durch den Einbau tiefer Störstellen soll der Einfluß auf die Sperreigenschaften gering sein, demnach erweisen sich Störstellen mit einem Energieterm in unmittelbarer Bandmittennähe in dieser Beziehung als ungünstig.

2.2.2.4 Physikalische Natur extrinsischer Rekombinationsvorgänge

Die SRH-Theorie liefert lediglich eine mathematische Beschreibung statistischer Natur, trifft jedoch keine Aussagen über die möglichen physikalischen Prozesse. Die möglichen physikalischen Grundvorgänge sollen daher im folgenden kurz dargestellt werden.

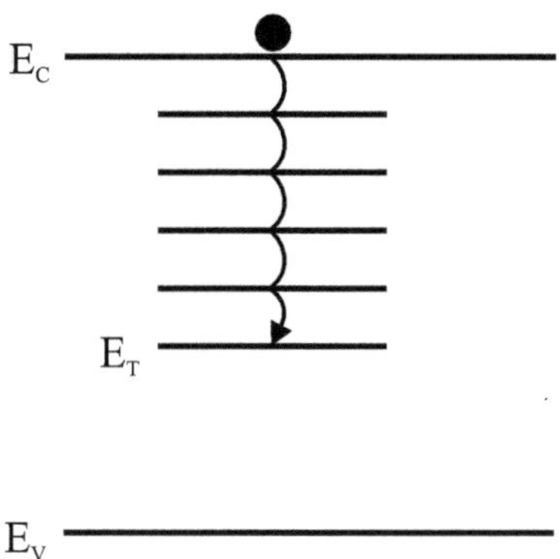

Abbildung 2.22: Elektroneneinfang in eine tiefe Störstelle durch einen Kaskadenprozeß

Strahlende Störstellenrekombination

Die in Abbildung 2.21 gezeigte Möglichkeit des strahlenden Einfangs von Ladungsträgern in eine Störstelle gehört zu den naheliegenden Varianten. Im Gegensatz zu
III-V-Halbleitern ist dieser Prozeß in Silizium sehr unwahrscheinlich und kann als dominierender Prozeß ausgeschlossen werden [45, 48, 63].

Kaskadenprozeß

Beim Kaskadenprozeß, wie in Abbildung 2.22 dargestellt, wird davon ausgegangen, daß
ein Elektron bzw. Loch beim Einfang in ein Störstellenniveau schrittweise Energie durch
Emission niederenergetischer Phononen verliert [82]. Dieser Prozeß setzt eine dichte
Folge von Störstellenzuständen voraus, wobei der energetische Abstand zwischen den
einzelnen Niveaus mit erlaubten Phononenenergien übereinstimmen muß. Obwohl Kas-
kadenprozesse für den Ladungsträgereinfang in flache, geladene Störstellen, wie z.B.
Phosphor in Silizium, nachgewiesen wurden, ist dieser Vorgang für tiefe Störstellen aufgrund der notwendigen dichten Folge von angeregten Zuständen unwahrscheinlich und
wurde bisher nicht beobachtet [49].

Multiphononenprozeß

Multiphononenprozesse als nur durch Wechselwirkung vermittelte, strahlungslose Übergänge wurden bereits sehr früh als Möglichkeit in Betracht gezogen und sind der am
besten theoretisch untersuchte Mechanismus [49, 56, 58, 102]. Bei einer ausreichend starken Kopplung der Elektronen an das Gitter kann die beim Einfang freier Ladungsträger
in eine tiefe Störstelle freiwerdende Energie zur gleichzeitigen Erzeugung mehrerer Phononen in Form von hochangeregten lokalisierten Schwingungszuständen führen [63].

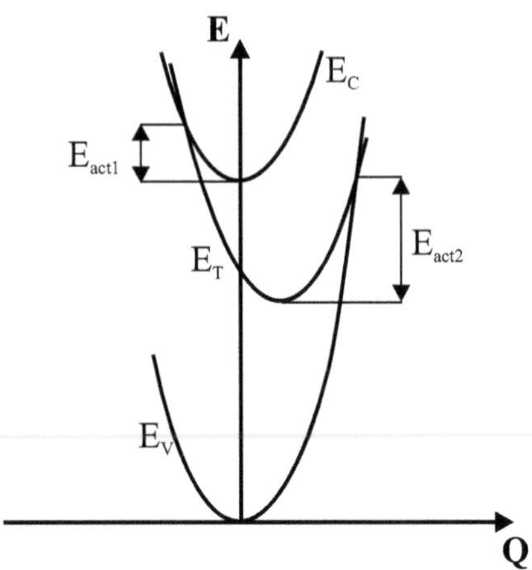

Abbildung 2.23: Veranschaulichung eines Multiphononenprozesses

Eine Möglichkeit der Veranschaulichung eines derartigen Prozesses bieten Konfigurationskoordinatendiagramme wie in Abbildung 2.23 dargestellt. Darin wird die Gesamtenergie (also elektronische Energie und Schwingungsenergie) als Funktion der effektiven Gitterauslenkung aufgetragen. Die Schwingungsparabeln in Abbildung 2.23 entsprechen somit den Zuständen Elektron im Leitungsband, Elektron im Störstellenniveau und Elektron im Valenzband, wobei aus Gründen der Übersichtlichkeit nur eine Schwingungsmode an die beteiligten Niveaus ankoppelt. Im ersten Schritt bei Einfang eines Elektrons in eine Störstelle ist der Übergang aus dem Leitungsband in einen hoch angeregten Schwingungszustand der Störstelle erforderlich. Dazu muß die Energiedifferenz E_{act1} z.B. durch thermische Anregung zugeführt werden, um den Überkreuzungspunkt der Schwingungsparabeln zu erreichen. Im zweiten Schritt muß die Störstelle überschüssige Schwingungsenergie durch Phononenemission wieder abgeben [49]. Die theoretische Berechnung der Übergangswahrscheinlichkeiten in solchen Systemen ist sehr komplex [102] und soll hier nicht dargestellt werden.

Die Multiphononenprozesse sind die physikalische Ursache für die mit Hilfe des Shockley-Read-Hall-Formalismus beschriebene Rekombination von Ladungsträgerpaaren über tiefe Störstellen in Silizium.

Störstellen-Augerprozeß

Bei diesem Vorgang wird, wie bei über den Bändern ablaufenden Augerprozessen, die Überschußenergie an ein drittes Teilchen abgegeben [78]. Diese Augerteilchen können z.B. freie Elektronen oder Löcher sein [58, 124]. Beim Einfang eines Elektrons in eine Störstelle wird demnach ein Loch mit der Energiedifferenz $E_G - E_T$ in das Valenzband angeregt, umgekehrt wird beim Löchereinfang ein Elektron mit der Energie E_T ins Lei-

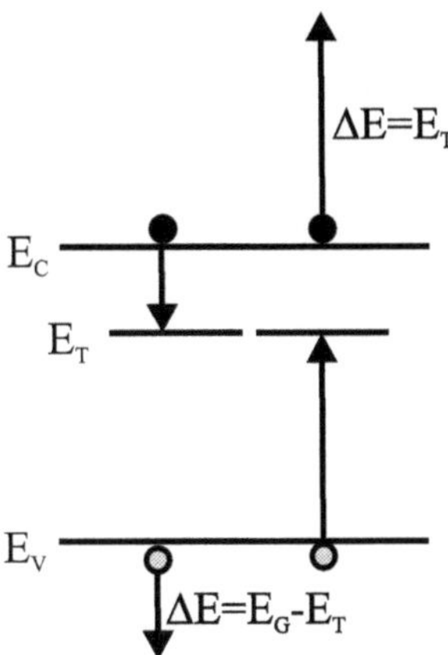

Abbildung 2.24: Ladungsträgereinfang durch Störstellen-Auger-Prozesse

tungsband angeregt (Abbildung 2.24). Diese hochangeregten Ladungsträger relaxieren anschließend sehr schnell wieder an die jeweilige Bandkante. Die Impulserhaltung während des Einfangprozesses wird durch die Störstelle gewährleistet, deren Wellenfunktion stark im Ortsraum lokalisiert ist.

Für die Trägerlebensdauer ist eine reziproke Abhängigkeit von der Majoritätsträgerdichte zu erwarten, da für jeden Einfangprozeß genau ein Majoritätsträger erforderlich ist. Störstellen-Augerprozesse über tiefe Störstellen in Silizium sind jedoch erst bei sehr hohen Ladungsträgerkonzentrationen von Einfluß, wahrscheinlicher ist dagegen der Ablauf derartiger Prozesse über flache Störstellen wie sie von Dotierstoffen hervorgerufen werden [152]. Störstellen-Augerprozesse können daher bei hohen Dotierungen eine nicht zu vernachlässigende Rolle spielen.

2.3 Technologie der Lebensdauereinstellung

2.3.1 Diffusion von Schwermetallen

2.3.1.1 Physikalische Eigenschaften von Gold und Platin

Der Einbau von Rekombinationszentren mit Diffusionsverfahren markierte den Beginn des Einsatzes der Technologie Lebensdauereinstellung. Gold war das am frühesten eingesetzte Rekombinationszentrum. Es wurde bereits in den 60er Jahren verwendet, um die Schaltzeiten von Dioden oder die Freiwerdezeiten von Thyristoren zu verringern [29].

Gold und Platin liegen in Silizium sowohl auf Gitterplätzen (substitutionell) als auch auf Zwischengitterplätzen (interstitiell) vor. Der interstitielle Teil diffundiert sehr schnell, während die Diffusion des substitutionellen Anteils vernachlässigt werden kann.

Während des Diffusionsvorganges finden Wechsel zwischen Zwischengitter- und Gitter-plätzen statt, so daß vier Mechanismen im Zusammenhang betrachtet werden müssen [174]. Alle Vorgänge gelten ebenfalls für die Diffusion von Platin.

1. Frank-Turnbull-Mechanismus

$$Au_I + V \rightleftharpoons Au_S$$

Ein Goldatom auf einem Zwischengitterplatz Au_I kann also durch Rekombinati-on mit einer Leerstelle V zu einem substitutionellen Goldatom Au_S werden und umgekehrt.

2. Kick-Out-Mechanismus

$$Au_I \rightleftharpoons Au_S + I$$

Durch Verdrängen eines Siliziumatoms aus einem Gitterplatz durch ein inter-stitielles Goldatom Au_I entsteht ein substitutionelles Goldatom Au_S sowie ein Silizium-Zwischengitteratom I. Auch dieser Vorgang kann in umgekehrter Rich-tung ablaufen.

3. Punktdefekte

$$V + I \rightleftharpoons 0$$

Durch die Verbindung des Kick-Out-Mechanismus mit Punktdefekten ist ebenfalls die Generation und Rekombination dieser Defekte zu berücksichtigen.

4. Paarbildung mit Phosphor

$$Au + e^- + P^+ \rightleftharpoons AuP$$

Gold reagiert mit einem Elektron sowie einem positiven Phosphorrumpf unter Bildung eines neutralen Phosphor-Gold-Paares. Diese Reaktion erklärt die beob-achtete höhere Löslichkeit von Gold und Platin in hochdotiertem Silizium.

Bei der Diffusion von Gold dominiert der Kick-Out-Mechanismus, während bei der Diffusion von Platin im Temperaturbereich kleiner als 850°C der Frank-Turnbull-Mechanismus überwiegt [174]. Zusammen mit der hohen Beweglichkeit der Silizium-Zwischengitteratome und der höheren Löslichkeit in hochdotierten Gebieten ergibt sich schießlich das für vertikale Leistungsbauelemente, welche einem solchen Prozeßschritt zur Einstellung der Trägerlebensdauer unterzogen wurden, charakteristische U-förmige Einbauprofil der eindiffundierten Rekombinationszentren. Dieses ist in Abbildung 2.25 als Prinzipdarstellung gezeigt. Ursache sind hier die auf beiden Waferseiten unterhalb der Metallisierung gelegenen höherdotierten Gebiete zur Realisierung ohmscher Kon-takte.

Die Golddiffusion erzeugt in Silizium ein Akzeptor- und ein Donatorniveau in der Bandlücke. Im Gegensatz zu strahlungsinduzierten Rekombinationszentren können die-se beiden Störstellenniveaus nicht als unabhängig voneinander angesehen werden. Da

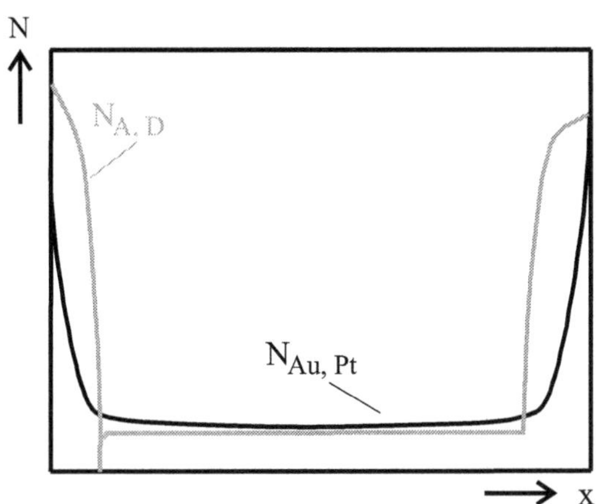

Abbildung 2.25: Schematisches vertikales Einbauprofil von Gold oder Platin in Silizium

Gold bereits sehr lang zur Einstellung von Lebensdauern eingesetzt wird, sind die Zentreneigenschaften als auch deren Temperaturabhängigkeit gut bekannt [169]. Durch die Verwendung von Gold läßt sich die beste Relation zwischen Schaltzeit und Durchlaß einstellen. Allerdings wirkt das Akzeptorniveau von Gold aufgrund seiner Lage nahe der Bandmitte auch sehr stark als Generationszentrum und erzeugt bei höheren Temperaturen sehr große Sperrströme [99]. Aufgrund der hohen Sperrverluste entstehen bei üblichen für schnelle Freilaufdioden benötigten Rekombinationszentrenkonzentrationen bei Bauelementen für Sperrspannungen von mehr als 1000V und Temperaturen um 150°C bereits thermisch bedingte Instabilitäten der elektrischen Kennwerte [91]. Weiterhin zeigen golddotierte Bauelemente eine erhöhte Spannungsspitze während des Einschaltvorganges. Ursache ist die kompensierende Wirkung der Goldzentren bezüglich der Grunddotierung, wodurch sich der Widerstand des n^-- Basisgebietes erhöht [100]. Aufgrund des U-förmigen Einbauprofiles tritt bei Dioden eine Anreicherung der Rekombinationszentren am pn- als auch am nn^+- Übergang auf, wodurch gold- und auch platindiffundierte Dioden ein besseres Schaltverhalten als elektronenbestrahlte Dioden mit homogenem Zentrenprofil aufweisen [19, 145].

Platin erzeugt ebenfalls eine Akzeptor- und eine Donatorstörstelle, welche als Rekombinationszentren wirken [119]. Desweiteren wurde von einigen Autoren ein weiteres sehr flach oberhalb des Valenzbandes liegendes Niveau gefunden, welches einem Doppeldonator zugeordnet wird [139, 174]. Platin ist unter Hochinjektionsbedingungen ein effektives Rekombinationszentrum, während es bei niedrigen Ladungsträgerdichten nur schwach wirkt. Ursache hierfür ist der größere Abstand der Störstellen von der Mitte der Bandlücke. Der gleiche Grund führt zu deutlich niedrigeren Sperrströmen, welche kaum über dem Niveau von Bauelementen ohne Schwermetalldiffusion liegen. Allerdings weisen platindiffundierte Dioden eine höhere Flußspannung sowie eine im Vergleich zu

Trap	Energie	Einfangkoeffizienten	
	$E_T \; [eV]$	$c_n \; [cm^3 s^{-1}]$	$c_p \; [cm^3 s^{-1}]$
Gold	$E_C - E_T = 0.54$	$1.64 \cdot 10^{-9} \left(\frac{T}{300K}\right)^{0.5}$	$1.74 \cdot 10^{-8} \left(\frac{T}{300K}\right)^{-1.5}$
Gold	$E_T - E_V = 0.35$	$1.74 \cdot 10^{-7} \left(\frac{T}{300K}\right)^{-0.8}$	$6.76 \cdot 10^{-8} \left(\frac{T}{300K}\right)^{0.5}$
Platin	$E_C - E_T = 0.228$	$7.701 \cdot 10^{-13} \cdot T^{2.25}$	
Platin	$E_T - E_V = 0.32$		$1.004 \cdot 10^{-2} \cdot T^{-2}$

Tabelle 2.1: Parameter der Störstellen Gold und Platin in Silizium

Gold ungünstigere Durchlaßspannungs-Schaltzeit-Relation auf [99]. Aufgrund des niedrigeren Sperrstromes ist eine höhere Sperrschichttemperatur möglich, wodurch trotz schlechterer Flußspannung die Stromtragfähigkeit wieder ansteigt.

Tabelle 2.1 gibt eine Übersicht der relevanten Störstellenparameter von Gold und Platin.

2.3.1.2 Technologie der Diffusion

Die Diffusion von Gold findet im Anschluß an die Diffusion der Dotierungsgebiete statt. Die Diffusion mit einer Zeitdauer um 30min findet in einem Ofen bei Temperaturen zwischen 880°C und 980°C statt, als Quelle kommen sowohl eine aufgedampfte Goldschicht als auch eine chemisch abgeschiedene Schicht in Frage. Die vorgegebene Temperatur wird allerdings üblicherweise aufgrund des Temperatureinbruchs beim Einfahren der Wafer erst im letzten Zeitabschnitt erreicht. Die Form des sich bildenden Einbauprofiles ist stark von den hochdotierten Zonen abhängig und aufgrund des schnellen Diffusionsprozesses nur schwer zu beeinflussen. Desweiteren führt die Erzeugung hochdotierter Bereiche im Silizium zur Entstehung von Versetzungen, welche wiederum als Quelle bzw. Senke für Punktdefekte wirken. Aufgrund des großen Einflusses dieser Punktdefekte auf den Diffusionsvorgang im Silizium ist die Einstellung der Ladungsträgerlebensdauer nur schwer reproduzierbar. Es muß daher jeweils zu Beginn eines Produktionsloses ein Antest durchgeführt werden, nach dem die Temperatur des Diffusionsofens korrigiert wird. Oftmals wird auch eine Nachkorrektur mit Hilfe einer Elektronenbestrahlung vorgenommen [91].

Platin wird bei Temperaturen zwischen 840°C und 910°C in einer Stickstoff-Wasserstoff-Atmosphäre eindiffundiert, die Zeitdauer liegt wie bei der Golddiffusion im Bereich von 30min. Es treten die gleichen Probleme wie bei der Golddiffusion auf, hinzu kommt

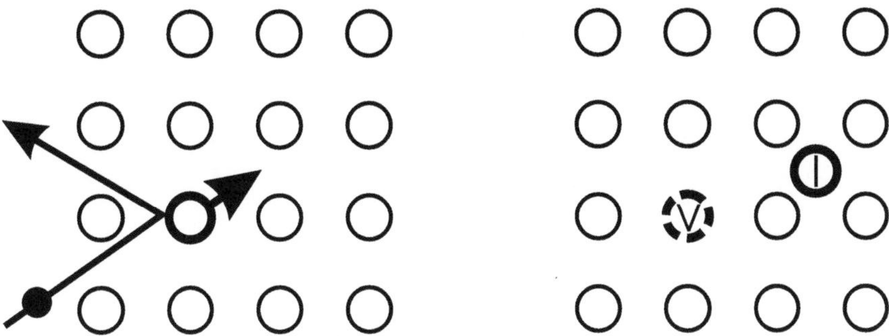

Abbildung 2.26: Entstehung von Strahlenschäden: a) Herausstoßen eines Teilchens durch Energieübertragung b) Resultierendes Paar aus Leerstelle V und Zwischengitteratom I (Poole-Frenkel-Defekt)

jetzt noch die Kontamination des Diffusionsofens aufgrund des hohen Dampfdruckes von Platin [91]. Eine Verbesserung der Reproduzierbarkeit der Platindiffusion wird teilweise durch die Implantation von Platin erreicht, wodurch sich das Angebot für den nachfolgenden Diffusionsschritt besser einstellen läßt [91].

Durch die Implantation von Gold oder Platin mit nachfolgendem Diffusionsschritt lassen sich außerdem homogenere Profile erzielen, der Anstieg der Zentrenkonzentration in den (hochdotierten) Randgebieten ist deutlich verringert [33].

2.3.2 Strahlungsinduzierte Störstellen

2.3.2.1 Überblick über physikalische Eigenschaften strahlungsinduzierter Zentren

Untersuchungen zur Charakterisierung strahlungsinduzierter Defekte und deren Ausheilung wurden bereits weit vor dem angedachten Einsatz von Bestrahlungsverfahren zur Trägerlebensdauereinstellung durchgeführt [71, 84]. Für die Einstellung der Lebensdauer von Ladungsträgern werden leichte, hochenergetische Teilchen benutzt: Elektronen, Protonen und Heliumkerne.

Abbildung 2.26 illustriert die zugrundeliegenden physikalischen Vorgänge. Die in den Festkörper eindringenden, hochenergetischen Teilchen werden an den Gitteratomen gestreut, wobei die Teilchenenergie durch Stöße ganz oder teilweise an die Atome übertragen wird. Ist der Betrag der übertragenen Energie höher als die Bindungsenergie der Atome im Gitter, wird das Atom aus seinem Gitterplatz gestoßen (Abbildung 2.26a). Als primärer Kristalldefekt entsteht der Poole-Frenkel-Defekt, ein Paar aus einer Leerstelle V und einem Zwischengitteratom I (Abbildung 2.26b). Die Anzahl der entstehenden Defekte ist dabei stark von der Teilchenenergie abhängig. Die primären Defekte können mit hoher Beweglichkeit durch das Kristallgitter diffundieren und bilden untereinan-

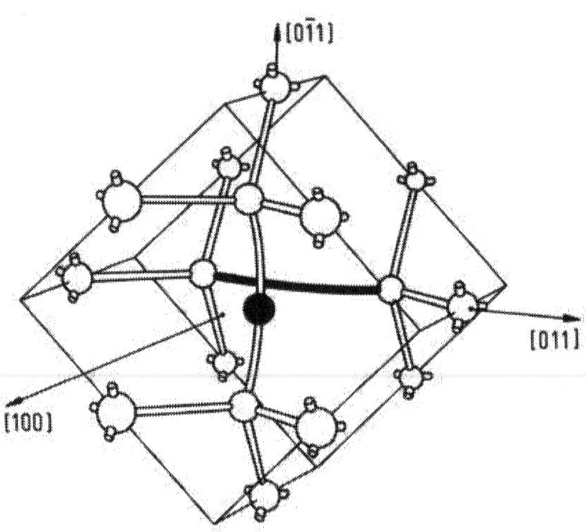

Abbildung 2.27: Modell des A-Zentrums - Schwarz: Sauerstoff (aus [95])

der oder mit auch in hochreinem Silizium immer vorhandenen Verunreinigungen wie Sauerstoff, Kohlenstoff oder Phosphor Komplexe, die sogenannten sekundären Defekte. Abbildung 2.27 zeigt als Beispiel für den Aufbau eines solchen Defektkomplexes das Modell des A-Zentrums E(90K), welches aus einer Vakanz und einem Sauerstoffatom gebildet wird [95]. Die Bezeichnung E(90K) resultiert aus der Charakterisierung von Störstellen mit Hilfe des DLTS-Verfahrens - der Buchstabe 'E' steht für ein oberhalb der Bandmitte gefundenes (akzeptorisches) Zentrum, welches bei einem Ratewindow von $80s^{-1}$ einen Peak bei einer Meßtemperatur von 90K zeigt (siehe Kapitel 3.1).

Da große Teile dieser Defekte thermisch instabil sind, ist zur Gewährleistung der Langzeitstabilität bestrahlter Bauelemente ein Ausheilschritt erforderlich. Dieser Prozeßschritt bietet neben dem Ausheilen instabiler Komplexe in sehr begrenztem Maße auch die Möglichkeit, die Zentrenzusammensetzung zu beeinflußen. So heilt ein Teil der entstandenen Defektkomplexe, wie z.B. der Phosphor-Leerstellen-Komplex, bereits bei Temperaturen im Bereich von 150°C-200°C aus. Andere Zentren verschwinden erst bei höheren Temperaturen, wiederum andere werden erst bei höheren Temperaturen gebildet.

Vorrangigen Einfluß auf die Wahl der Ausheiltemperatur haben jedoch verschiedene praktische Forderungen: die im Betrieb maximal auftretende Chiptemperatur spielt hier ebenso eine Rolle wie die Temperatur der während des Modulaufbaus notwendigen Lötprozesse. In letzterem Fall muß die Ausheiltemperatur im Bereich höher 330°C liegen, damit kein nachträgliches Ausheilen der Zentren stattfindet und die elektrischen Eigenschaften der Bauelemente nicht unkontrolliert verändert werden [91]. Abbildung 2.28 zeigt beispielhaft das Ausheilen der rekombinationsrelevanten Zentren E(90K) und

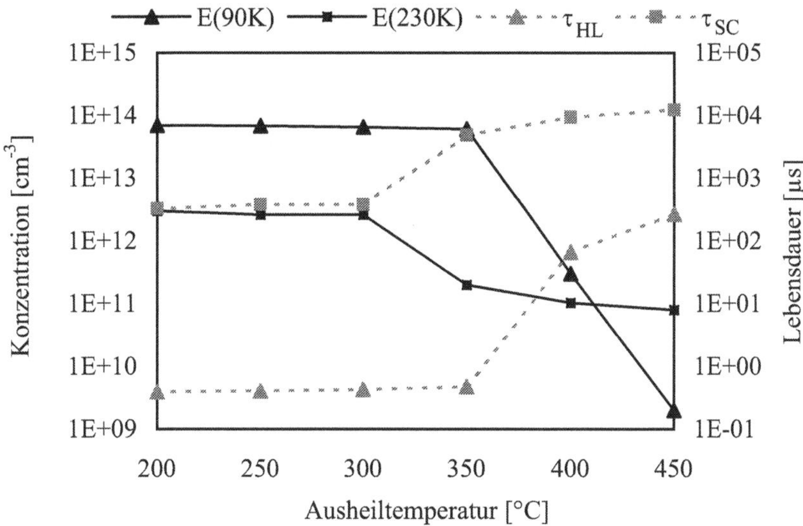

Abbildung 2.28: Isochrones Ausheilen einer elektronenbestrahlten Probe (nach [167])

E(230K) und die damit verbundenen Änderungen in der Hochinjektionslebensdauer τ_{HL} und der Generationslebensdauer τ_{SC} [167].

In der Vergangenheit wurden zahlreiche Untersuchungen strahlungsinduzierter Zentren durchgeführt, es wurden sowohl elektronenbestrahlte Proben [1, 16, 19, 36, 71, 88, 87, 144, 146, 159, 167], protonenbestrahlte Proben [30, 47, 53, 60, 63, 70, 84, 139, 151, 159, 157, 167] als auch heliumbestrahlte Proben [53, 54, 144, 146, 159, 157, 158, 167] charakterisiert. Größtenteils wurden Zentren in n-leitendem Silizium untersucht, nur wenige Arbeiten darunter beschäftigten sich mit Untersuchungen an p-Silizium [1, 30, 63, 84, 88, 151]. Die Angaben zu den Zentren sind aufgrund der sehr weiten Streuung sowohl der Bestrahlungs- als auch Ausheilbedingungen alles andere als einheitlich und für eine mögliche Nutzung in der Bauelementesimulation oftmals unvollständig. Aussagen zur Temperaturabhängigkeit der Einfangkoeffizienten sind praktisch kaum zu finden, jedoch für eine realitätsnahe Simulation des Verhaltens insbesondere von Leistungsbauelementen von größter Bedeutung.

Tabelle 2.2 gibt einen Überblick über rekombinationsrelevante Zentren, welche bei Ausheiltemperaturen von mehr als 300°C gefunden werden [91]. Obwohl der Vakanzkomplex VV (von dem hier nur die Elektronentraps E(130K) und E(230K) aufgrund ihres Einflusses auf die Rekombinationseigenschaften aufgeführt sind) der in der Literatur am meisten untersuchte Defekt ist, bestehen selbst hier Unsicherheiten bezüglich der exakten physikalischen Natur. So wird das Niveau E(230K) einerseits dem einfach negativ geladenen Zustand des Doppelvakanzkomplexes zugeordnet, andererseits besteht ebenfalls die Möglichkeit der Zuordnung zu einem Mehrfachvakanzkomplex. Die

Typ	Phys. Natur	DLTS-Signal	Energet. Lage
VV	Doppelvakanzkomplex		
	- -/-	E(130K)	$E_C - 0.24 eV$
	-/0	E(230K)	$E_C - 0.43 eV$
OV	Sauerstoff/Vakanzkomplex	E(90K)	$E_C - 0.169 eV$
V4/V5?	Mehrfachvakanzkomplex	E(230K)	$E_C - 0.46 eV$
COOV	Kohlen-/Sauerstoff/Vakanzkplx.	H(195K)	$E_V + 0.35 eV$

Tabelle 2.2: Übersicht rekombinationsrelevanter, bestrahlungsinduzierter Zentren bei Ausheilen mit T>300°C [91]

Störstellenniveaus insbesondere des Vakanzkomplexes E(230K) werden oft als dominierende Zentren bezüglich der Auswirkungen auf die Hoch- und Niederinjektionslebensdauer angesehen [60]. Allerdings heilen sowohl E(230K) als auch E(130K) bei Temperaturen von größer als 300°C aus, bei 350°C ist E(130K) vollkommen verschwunden. Von E(230K) verbleiben im Falle hoher Teilchenenergien (Elektronenbestrahlung mit 4.5 MeV und 10 MeV, Heliumbestrahlung mit 5.4 MeV) geringe Störstellendichten. Diese heilen endgültig bei Temperaturen um 500°C aus [167]. Offenbar entstehen bei niedrigen Bestrahlungsenergien zunächst die Divakanzen, welche ab 300°C beginnen auszuheilen. Bei Übergang zu höheren Bestrahlungsenergien kommt es dann ebenfalls zur Bildung von Mehrfachvakanzkomplexen, welche erst bei höheren Temperaturen zerfallen und somit nach Ausheilung bis 350°C noch gefunden werden.

Bedingt durch die Ausheilung der Vakanzkomplexe wird der OV-Komplex E(90K), das sogenannte A-Zentrum, zum die Hochinjektionslebensdauer kontrollierenden Zentrum. Die Niederinjektionslebensdauer wird dagegen weiterhin durch die verbliebenen Zentren E(230K) bestimmt [16, 70, 91], sofern sich nicht weitere Störstellen in der Mitte der Bandlücke befinden. Dabei können auch Defekte eine Rolle spielen, welche nicht durch den Bestrahlungsprozeß erzeugt wurden.

Die Bildung der unterschiedlichen Defekte ist außerdem stark von der Bestrahlungsenergie abhängig, für die Erzeugung einfacher oder höherer Komplexe existieren verschiedene Schwellenenergien [18]. Die quantitative Zusammensetzung der verschiedenen Zentren untereinander hängt ebenfalls von der Bestrahlungsenergie ab. Die Abhängigkeit der Defektkonzentration von der Dosis ist dagegen für viele Zentren annähernd linear [91]. Bei hohen Defekterzeugungsraten ist ein Sättigungsverhalten bei der Bildung von Komplexen zu erwarten, an deren Bildung Verunreinigungen des Siliziums beteiligt sind. So liegt der Sauerstoff- und Kohlenstoffgehalt von zonengeschmolzenem (FZ) Silizium im Bereich von $10^{16} cm^{-3}$, bei Czochralski-Silizium dagegen treten z.T. mehr als eine Größenordnung höhere Konzentrationen auf [30, 167].

Bei der Implantation von Protonen entsteht neben den in Tabelle 2.2 aufgeführten Zentren ein flacher Donator, der einem Wasserstoffkomplex zugeordnet werden kann [167]. Dieses Zentrum wirkt n-dotierend und kann daher die elektrischen Eigenschaften

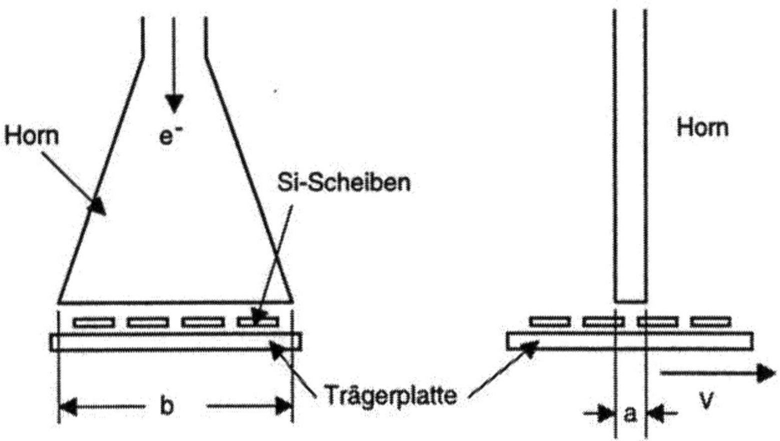

Abbildung 2.29: Prinzipielle Durchführung der Elektronenbestrahlung (aus [91])

der Bauelemente unerwünscht verändern. Bei der Bestrahlung mit Helium kommt es nicht zur Bildung eines derartigen Zentrums, jedoch kann es in Folge thermischen Zerfalls der Störstellen E(90K) und H(195K) ebenfalls zu einer Erhöhung der n-Dotierung kommen (siehe Seite 107). Dieser Effekt ist bei Heliumbestrahlung jedoch sehr viel schwächer als im Falle der Protonenbestrahlung und wird durch einen langen Ausheilschritt verursacht.

2.3.2.2 Technologie der Elektronenbestrahlung

Für die Bestrahlung von Halbleitern können Elektronenbeschleuniger eingesetzt werden, wie sie in der Industrie z.B. zur Vernetzung von Kunststoffen verwendet werden [91]. Problematisch ist hier die Gefahr der Kontamination der Wafer in der Industrieumgebung, weswegen diese in Aluminium verpackt werden müssen. Die zulässige Dicke der Verpackung richtet sich nach der Energie der Elektronen und der damit verbundenen Reichweite sowie der Dicke der zu bestrahlenden Scheiben. Die notwendigen Daten zur Absorption von Elektronen in unterschiedlichen Materialien finden sich in der Literatur [18].

Abbildung 2.29 veranschaulicht das Prinzip der Prozeßführung [91]. Der Elektronenstrahl mit der Stromstärke I wird durch das Horn des Beschleunigers auf eine Fläche $a \cdot b$ aufgefächert. Die Trägerplatte mit den Wafern bewegt sich auf einem Förderband mit der Geschwindigkeit $v = \frac{a}{t}$. Die Dosis als Anzahl der pro Zeiteinheit auftreffenden Elektronen läßt sich mit wenigen Parametern beschreiben:

$$D = \frac{I\,t}{q\,a\,b} = \frac{I}{q\,v\,b} \qquad (2.86)$$

Unter der Voraussetzung eines kleinen Abstandes zwischen dem Horn und den Wafern läßt sich bei Kenntnis der Parameter in Gleichung 2.86 eine reproduzierbare Gleichbehandlung der Scheiben bei verschiedenen Beschleunigern gewährleisten [91]. Typische genutzte Bestrahlungsenergien zur Kontrolle der Trägerlebensdauer liegen im Bereich von 1...25 MeV.

2.3.2.3 Technologie der Bestrahlung mit Protonen und Heliumionen

Für die Implantation von Protonen oder Helium sind Beschleuniger mit Energien bis zu 10MeV erforderlich. Da sich das Hauptinteresse der kernphysikalischen Grundlagenforschung in Bereiche mit deutlich höheren Bestrahlungsenergien verschoben hat, stehen entsprechende Beschleuniger zur Verfügung, welche durch geeignete Waferhandler erweitert werden mußten. Die Implantation von Protonen ist weniger aufwendig als die von Helium und stellt ein Standardverfahren dar [91].

Beim Eindringen der Protonen- bzw. Heliumkerne wird die Teilchenenergie durch Ionisierung und Kernstöße abgegeben. Die Energieabgabe durch Ionisation ist um drei Zehnerpotenzen größer als die durch Kernstöße, wobei die Gitterdefekte allerdings allein durch die Kernstöße erzeugt werden. Der Energieverlust wird maximal kurz bevor die Teilchen zur Ruhe kommen. An diesem Ort werden die meisten Gitterdefekte erzeugt. Jenseits der Reichweite fällt das Profil erzeugter Defekte sehr schnell ab, in größeren Tiefen werden keine Störstellen mehr gebildet [167].

Energie und Dosis lassen sich an den Beschleunigern bis auf wenige Prozent genau einstellen, womit eine hohe Reproduzierbarkeit der Profile gewährleistet ist. Die Abhängigkeit der Reichweite von der Beschleunigerenergie findet sich erneut in der Literatur [172]. Bei Bedarf kann das entstehende Profil der Rekombinationszentren verbreitert werden, indem das energetische Spektrum des Ionenstrahls durch eine dünne Metallfolie oder eine Luftschicht aufgeweitet wird [91] oder eine Mehrfachimplantation vorgenommen wird [157]. Letztere Möglichkeit führt allerdings zu einem deutlichen Mehraufwand, so daß Vor- und Nachteile aufgrund der steigenden Kosten betrachtet werden müssen.

2.4 Das Multitrap-Rekombinationsmodell

2.4.1 Kriterien für die Modellwahl

Ausgangspunkt für die Implementierung eines mehrere Störstellen berücksichtigenden Rekombinationsmodells ist die Frage nach dem dominierenden Rekombinationsprozeß. Eine Einstellung der Ladungsträgerlebensdauer in Leistungsbauelementen erfolgt in der Mehrzahl aller Fälle in Gebieten niedriger bis mittlerer Dotierung. Der Effekt und damit der Sinn einer Trägerlebensdauereinstellung in hochdotierten Gebieten ist dagegen aufgrund der zunehmend stärkeren Abhängigkeit der Trägerlebensdauer von der Dotierung eher fraglich, was in Abbildung 2.30 verdeutlicht wird.

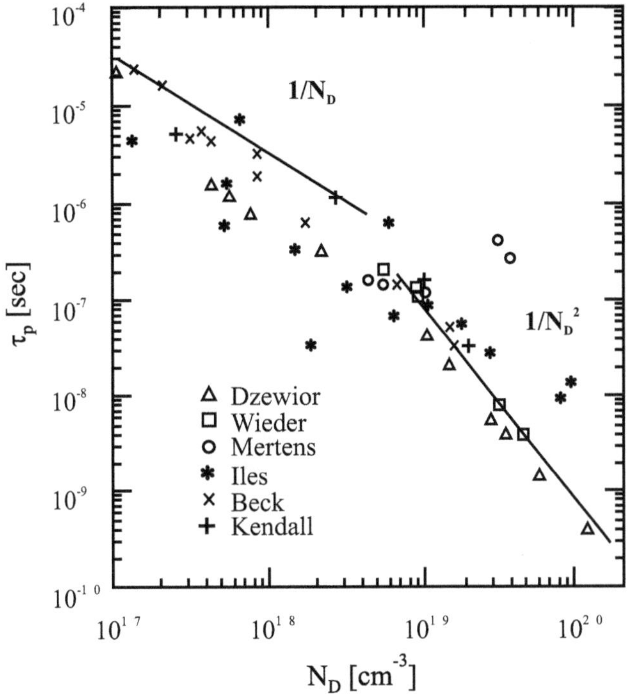

Abbildung 2.30: Abhängigkeit der Löcherlebensdauer von der Dotierung in n-Silizium (mit Daten aus [11, 26, 61, 69, 98, 164])

Welcher Rekombinationsprozeß die stärksten Auswirkungen hat, ist in hohem Maße von der vorliegenden Ladungsträgerkonzentration abhängig. Wie bereits dargestellt, werden im Durchlaßfall die Trägerkonzentrationen in den aus Gründen des Sperrvermögens niedrigdotierten Driftgebieten in der Größenordnung einiger Zehnerpotenzen angehoben, um die Durchlaßverluste zu minimieren. Simulationen z.B. in [113] wie auch eigene Messungen haben gezeigt, daß sich die realisierten Überschußträgerkonzentrationen im Bereich von einigen $10^{16} cm^{-3}$ bewegen. Selbst mit optischer Generation von Ladungsträgerpaaren, wie sie im Kapitel 3.2.3 beschrieben ist, konnten keine höheren Konzentrationen als ca. $3 \cdot 10^{17} cm^{-3}$ erreicht werden. Bei diesen Ladungsträgerkonzentrationen dominiert die Shockley-Read-Hall-Rekombination über tiefe Störstellen, während der durch Band-Band- als auch Störstellen-Auger-Prozesse verursachte Rekombinationsanteil selbst bei den höchsten vorkommenden Überschußträgerdichten noch vernachlässigbar ist. Strahlende Rekombinationsprozesse spielen unter diesen Bedingungen in Silizium keine Rolle.

Aus diesen Gründen erfordert die Berücksichtigung tiefer Störstellen ein Rekombinationsmodell, welches eine Anzahl voneinander unabhängiger Rekombinationszentren

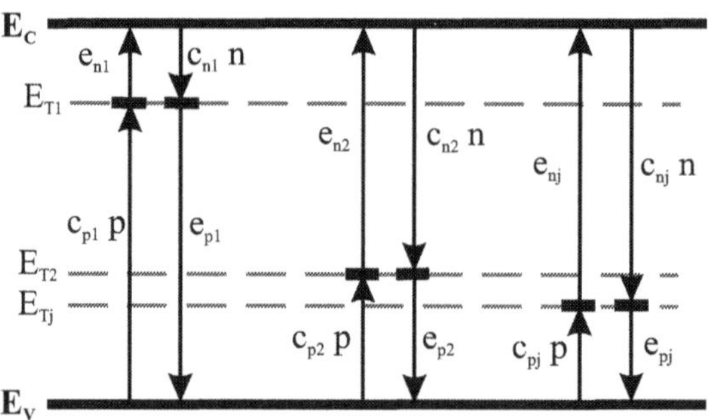

Abbildung 2.31: Rekombination über voneinander unabhängige Störstellen

einbezieht. Aufgrund der mit endlicher zeitlicher Geschwindigkeit ablaufenden Umladeprozesse der Störstellen muß ebenfalls das dynamische Verhalten durch das Modell beschrieben werden. Nur so lassen sich dynamische Effekte innerhalb der Raumladungszone in der Simulation erfassen, welche durch geladene Störstellenzustände verursacht werden.

2.4.2 Vorstellung des Rekombinationsmodells

Für die vollständige Berücksichtigung einer Anzahl unabhängiger Rekombinationszentren wurde auf Basis der Ratengleichungen ein erweitertes Rekombinationsmodell in den 2D-Bauelementesimulator TeSCA implementiert [38]:

- Der jeweils ionisierte Störstellenanteil ist als zusätzliche Ladungsdichte in die Poissongleichung eingebaut.

- Die zeitabhängigen Größen $\frac{dn}{dt}$ und $\frac{dp}{dt}$ entsprechend den Gleichungen 2.56 und 2.57 (Seite 42) bzw. 2.69 und 2.70 (Seite 45) sind analog den üblichen Generationsbzw. Rekombinationstermen in den Kontinuitätsgleichungen berücksichtigt.

- Das zeitliche Verhalten der Störstellenumladung wird durch die Differentialgleichungen 2.65 auf Seite 44 und 2.72 auf Seite 45 beschrieben. Daher sind beide Gleichungen zu diskretisieren und vom Simulator zu lösen.

- Als Anfangszustand wurde der Gleichgewichtszustand entsprechend den Beziehungen 2.68 auf Seite 45 und 2.75 auf Seite 46 vorgesehen.

Abbildung 2.31 gibt eine Veranschaulichung der zu berücksichtigenden Einfang- und Emissionsprozesse. Damit ergibt sich folgendes Gleichungssystem [117]:

1. Erweiterte Poissongleichung

$$- div\left(\varepsilon \cdot grad\varphi\right) = q\left[p - n + N_D^+ - N_A^- + \sum\left(N_{TD}^+ - N_{TA}^-\right)\right] \qquad (2.87)$$

2. Erweiterung der Kontinuitätsgleichungen

$$\frac{dn}{dt} - \frac{1}{q} div\, J_n = G - R + \sum \left[e_{nA}\, N_{TA}^- - c_{nA}\, n\, \left(N_{TA} - N_{TA}^-\right) \right]$$
$$+ \sum \left[e_{nD}\, \left(N_{TD} - N_{TD}^+\right) - c_{nD}\, n\, N_{TD}^+ \right] \tag{2.88}$$

$$\frac{dp}{dt} + \frac{1}{q} div\, J_p = G - R + \sum \left[e_{pA}\, \left(N_{TA} - N_{TA}^-\right) - c_{pA}\, p\, N_{TA}^- \right]$$
$$+ \sum \left[e_{pD}\, N_{TD}^+ - c_{pD}\, p\, \left(N_{TD} - N_{TD}^+\right) \right] \tag{2.89}$$

3. Umladung der Störstellen

$$\frac{dN_{TA}^-}{dt} = e_{pA}\, \left(N_{TA} - N_{TA}^-\right) - p\, c_{pA}\, N_{TA}^- - e_{nA}\, N_{TA}^-$$
$$+ n\, c_{nA}\, \left(N_{TA} - N_{TA}^-\right) \tag{2.90}$$

$$\frac{dN_{TD}^+}{dt} = e_{nD}\, \left(N_{TD} - N_{TD}^+\right) - n\, c_{nD}\, N_{TD}^+ - e_{pD}\, N_{TD}^+$$
$$+ p\, c_{pD}\, \left(N_{TD} - N_{TD}^+\right) \tag{2.91}$$

$$N_{TA,0}^- = N_{TA}\, \frac{e_{pA} + n\, c_{nA}}{e_{nA} + e_{pA} + n\, c_{nA} + p\, c_{pA}} \tag{2.92}$$

$$N_{TD,0}^+ = N_{TD}\, \frac{e_{nD} + p\, c_{pD}}{e_{nD} + e_{pD} + n\, c_{nD} + p\, c_{pD}} \tag{2.93}$$

4. Besetzungsfunktionen

$$\frac{df_A}{dt} = (c_{nA}\, n + e_{pA})\, (1 - f_A) - (c_{pA}\, p + e_{nA})\, f_A \tag{2.94}$$

$$\frac{df_D}{dt} = (c_{pD}\, p + e_{nD})\, (1 - f_D) - (c_{nD}\, n + e_{pD})\, f_D \tag{2.95}$$

$$N_{TA}^- = N_{TA} \cdot f_A \tag{2.96}$$
$$N_{TD}^+ = N_{TD} \cdot f_D \tag{2.97}$$

5. Berechnung der Emissionsraten

$$e_{nA,D} = \chi_{nA,D}\, c_{nA,D}\, n_i\, exp\left(\frac{E_{TA,D} - E_I}{k_B T} \right) \tag{2.98}$$

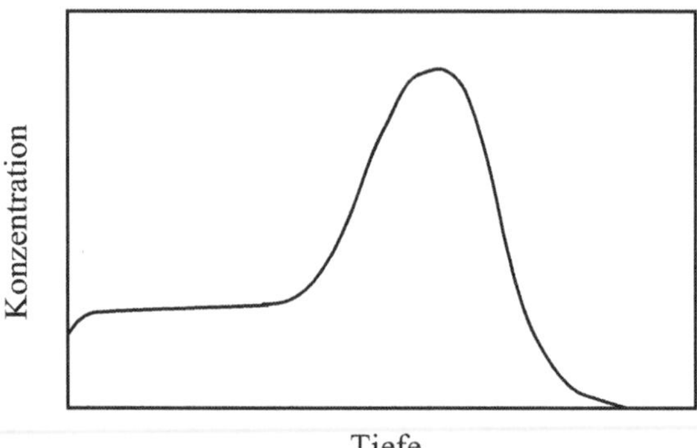

Abbildung 2.32: Schematisches Störstellenprofil nach Bestrahlung mit Wasserstoff- oder Heliumionen

$$e_{pA,D} = \chi_{pA,D} \, c_{pA,D} \, n_i \, exp \left(\frac{E_I - E_{TA,D}}{k_B T} \right) \tag{2.99}$$

In den Gleichungen 2.98 und 2.99 finden sich die für die vollständige Beschreibung erforderlichen Entropiefaktoren χ_n und χ_p, welche in der bisherigen Behandlung aus Übersichtlichkeitsgründen weggelassen wurden. Diese Faktoren beschreiben die Entropieänderung bei der Emission eines Ladungsträgers von einer Störstelle in das entsprechende Band. Die Ursache hierfür sind die unterschiedlichen Entartungsgrade des Grundzustandes der neutralen bzw. geladenen Störstelle [139].

2.4.3 Berücksichtigung von Störstellenprofilen

Bei der Bestrahlung von Silizium mit Wasserstoff- oder Heliumionen ist die Verteilung der Störstellen in der Tiefe nicht mehr homogen, sondern weist in Abhängigkeit der Bestrahlungsenergie eine Tiefenverteilung mit einem ausgeprägtem Peak im Bereich der Reichweite auf. Für die Simulation von derartigen Prozessen unterworfenen Bauelementen ist es notwendig, eine örtliche Verteilung der erzeugten Rekombinationszentren zu berücksichtigen. Abbildung 2.32 zeigt den grundsätzlichen Verlauf eines solchen Störstellenprofils. Offenbar kann ein derartiges Profil durch einen homogenen Anteil sowie eine Verteilungsfunktion beschrieben werden. Aus diesem Grunde wurden für die Beschreibung des Rekombinationszentrenverlaufes identische Funktionen, wie sie bereits zur Eingabe der Dotierungsverläufe in den Simulator TeSCA implementiert wurden, vorgesehen. Zur Beschreibung von Profilen stehen folgende Möglichkeiten zur Verfügung:

- Eingabe eines konstanten Wertes

- Eingabe einer Gaussverteilung - das Profil ergibt sich aus der nachstehenden Funktion:

$$N_T\left(y\right) = N_{T_{max}} \exp\left[-\left(\frac{y - y_{max}}{\lambda}\right)^2\right] \qquad (2.100)$$

- Eingabe einer Fehlerfunktion - es gilt für die Beschreibung des Profils:

$$N_T\left(y\right) = N_{T_{max}}\, erf\left[\left(\frac{y_{max} - y}{\lambda}\right) + 1\right] \qquad (2.101)$$

mit

$$erf\left(x\right) = \frac{2}{\sqrt{\pi}} \int_0^x \exp\left(-x^2\right)\, dx \qquad (2.102)$$

- Eingabe eines Profiles via Stützstellen in Form einer Tabelle, aus denen durch lineare Interpolation eine Verteilungsfunktion erstellt wird

Dabei bezeichnen $N_{T_{max}}$ die Störstellendichte im Maximum, y_{max} die vertikale Lage des Maximums und λ die Halbwertsbreite. Es besteht die Möglichkeit, einzelne oder mehrere Verteilungsfunktionen einzelnen Gebieten zuzuweisen. Durch die Kombination der verschiedenen Varianten lassen sich leicht beliebige Profile berücksichtigen.

Weiterhin besteht die Möglichkeit, eine laterale Verteilung der Störstellen mit Hilfe einer zu Gleichung 2.101 identischen Funktion zu beschreiben.

Kapitel 3

Charakterisierung tiefer Störstellen

Die Bestimmung der Rekombinationszentreneigenschaften ist die unbedingte Voraussetzung, um das Verhalten lebensdauereingestellter Bauelemente simulieren zu können. Innerhalb dieses Kapitels sollen die eingesetzten Verfahren entsprechend ihrer Bedeutung vorgestellt sowie auf prinzipbedingte Einschränkungen eingegangen werden. Ein wesentlicher Schwerpunkt liegt in der Durchführung der Lebensdauermessungen (OCVD-Methode), auf das DLTS-Meßverfahren wird grundsätzlich eingegangen. Weitere Informationen zur Durchführung und Auswertung von DLTS-Messungen finden sich in [17, 60, 63, 139, 167].

3.1 DLTS-Messungen

3.1.1 Vorstellung des Meßverfahrens

Die DLTS-Methode (Deep Level Transient Spectroscopy) wurde 1974 erstmals von D.V.Lang vorgeschlagen [79]. Mittlerweile stellt sie ein Standardverfahren zur Charakterisierung tiefer Störstellen in Halbleitern dar. Das Meßverfahren ist eine empfindliche Meßmethode auf Basis von Hochfrequenz-Kapazitätstransienten zur Untersuchung von Störstellen in der Bandlücke. Es basiert auf der Umladung der tiefen Energieniveaus in der Raumladungszone eines pn- oder Schottky-Überganges mit Hilfe unterschiedlicher Spannungsimpulse. Ausgewertet wird die zeitliche Änderung der Sperrschichtkapazität in Abhängigkeit der Temperatur. Es können Zentrentyp, energetische Lage innerhalb der Bandlücke, Konzentration, Einfangkoeffizienten sowie Entropiefaktor der jeweiligen Störstelle ermittelt werden.

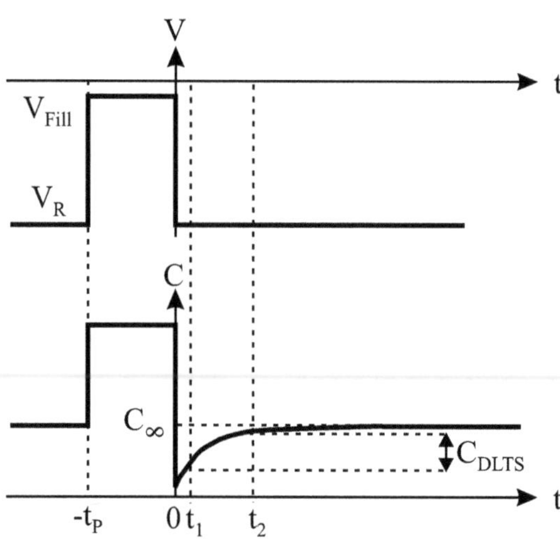

Abbildung 3.1: Spannungs- und Kapazitätsverlauf bei einer DLTS-Messung

3.1.1.1 Meßprinzip (in n-Silizium)

Um DLTS-Messungen durchführen zu können, benötigt man hierfür geeignete Proben mit einem Schottky- oder pn-Übergang. Dort können mittels Spannungspulsen tiefe Störstellen mit Ladungsträgern gefüllt werden und deren Emission in der Raumladungszone als Änderung der Kapazität beobachtet werden.

Auf eine Sperrschicht mit anliegender Sperrspannung V_R wird beim DLTS-Verfahren ein Füllpuls V_{Fill} der Zeitdauer t_p gegeben, wie es in Abbildung 3.1 zusammen mit dem resultierenden Kapazitätsverlauf dargestellt ist. Verbunden damit ist eine Änderung der Besetzungszustände der Energieniveaus E_T der Störstelle. Abbildung 3.2 veranschaulicht diese Veränderungen zu drei charakteristischen Zeitpunkten. Zum Zeitpunkt $t = 0$ ist die Weite der sich ausbildenden Raumladungszone d_{sc0}. Alle Störstellen oberhalb des Ferminiveaus für Elektronen F im Bereich von $0 \leq x \leq x_0$ sind unbesetzt, alle Niveaus mit $x > x_0$ sind besetzt. Lediglich in einem schmalen Bereich um x_0, in welchem der Unterschied zwischen dem Trapniveau E_T und F klein gegenüber $\frac{k_B T}{q}$ ist, wird sich der Besetzungsgrad deutlich von 0 bzw. 1 unterscheiden.

Zum Zeitpunkt t_1 steigt die Sperrspannung wieder an und die Raumladungszone erweitert sich bis d_{sc1}, alle Energieniveaus zwischen $x_0 \leq x \leq x_1$ befinden sich nun oberhalb des Ferminiveaus und werden durch thermische Anregung mit der Elektronenemissionsrate e_n entleert. Die Elektronen werden anschließend durch das elektrische Feld aus der Raumladungszone abtransportiert. Infolgedessen erhöht sich innerhalb dieses Bereiches die Raumladung, so daß sich nun die Weite der Raumladungszone verringert. Es stellt sich schließlich der in Abbildung 3.2 zum Zeitpunkt t_2 gezeigte neue Gleichgewichtszustand ein, die Zeitkonstante dieses Vorganges ist dabei umgekehrt proportional zur Elektronenemissionsrate e_n.

Die Änderung der Raumladungszonenweite resultiert in einer Erhöhung der Sperrschichtkapazität. Die Größe der Sperrschichtkapazität wird dabei durch die Konzentration der Störstellen bestimmt. Mit Variation der Temperatur kann durch die Temperaturabhängigkeit der Elektronenemissionsrate e_n der Einfangkoeffizient sowie die energetische Lage der Störstelle ermittelt werden.

Für die Charakterisierung tiefer Störstellen mit Energieniveaus in der unteren Hälfte der Bandlücke müssen DLTS-Messungen mit Ladungsträgerinjektion durchgeführt werden. Die am (möglichst abrupten) p^+n - Übergang anliegende Sperrspannung wird jetzt kurzzeitig in Durchlaßrichtung gepolt, so daß Minoritätsträger in das niedrigdotierte n-Gebiet gelangen und von den tiefen Energieniveaus eingefangen werden können (Injektionspuls). Die Höhe der Injektion ist hier durch die eingeprägte Stromdichte festgelegt. Nach Ende des Injektionspulses führt die thermische Anregung der Minoritätsträger in das Valenzband zu einer Abnahme der Sperrschichtkapazität.

3.1.1.2 Bestimmung von Energie und Einfangkoeffizient

Zur Auswertung der DLTS-Messungen können verschiedene Korrelationsfunktionen verwendet werden, so daß mit einem einzigen Temperaturdurchlauf die Eigenschaften der Rekombinationszentren sowie deren Konzentration festgestellt werden können. Für die Messungen wurden die Kapazitätskurven mit Hilfe des Boxcar-Verfahrens analysiert [79].

Wie auch aus Abbildung 3.1 ersichtlich, wird der Kapazitätswert zu zwei festen Zeitpunkten t_1 und t_2, jeweils über ein kurzes Zeitintervall Δt gemittelt, abgetastet und im Anschluß das Differenzsignal gebildet:

$$S = C\left(t_1\right) - C\left(t_2\right) \tag{3.1}$$

Unter der Voraussetzung, daß sich die Kapazität exponentiell mit einer Zeitkonstanten $\tau = \frac{1}{e_n}$ ändert, folgt für hinreichend schmale Zeitfenster Δt :

$$C(t) = C_\infty - C_{DLTS} \exp\left(-e_n t\right) \tag{3.2}$$

$$S = C_{DLTS}\left[\exp\left(-e_n t_1\right) - \exp\left(-e_n t_2\right)\right] \tag{3.3}$$

Die Auswertung der Messung der Kapazitätstransienten in Abhängigkeit der Temperatur ist in Abbildung 3.3 dargestellt. Hier ist die Differenz der Kapazitätswerte als DLTS-Signal S über der Temperatur aufgetragen. Das Zeitintervall $[t_1, t_2]$ definiert das sogenannte Zeitfenster bzw. Ratewindow und ist der charakteristische Parameter, welcher einen Vergleich verschiedener DLTS-Spektren ermöglicht. Das DLTS-Signal wird maximal bei der Temperatur T_0, wenn die Zeitkonstante τ gleich dem Kehrwert der Emissionsrate e_n ist. Es ergibt sich nachstehender Zusammenhang zwischen dem Ratewindow und der Emissionsrate für Elektronen:

$$e_n = \frac{\ln\frac{t_1}{t_2}}{t_1 - t_2} \tag{3.4}$$

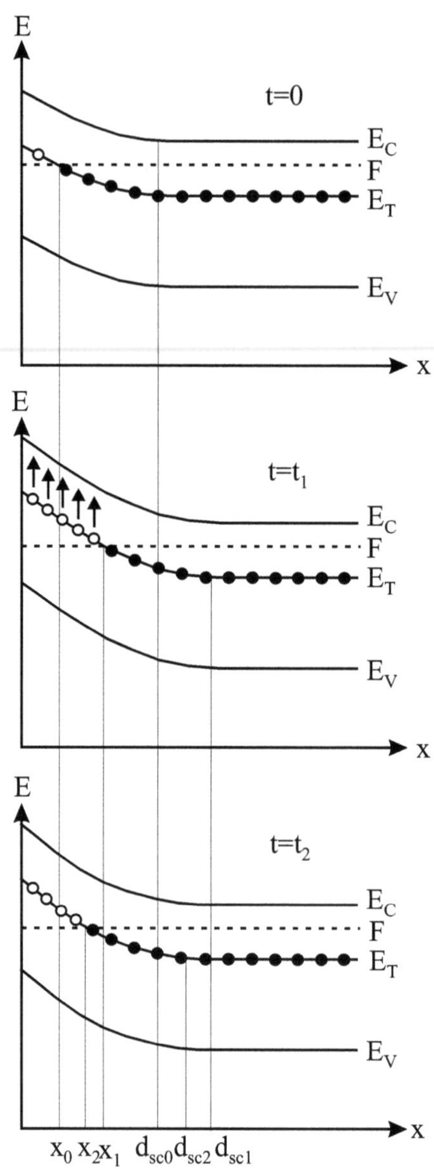

Abbildung 3.2: Umbesetzung der Energieniveaus während einer DLTS-Messung

Durch Einsetzen von Gleichung 3.4 in 3.3 ist nun die Bestimmung der Meßgröße C_{DLTS} möglich. Für den Zusammenhang zwischen Emissionsrate, Einfangkoeffizient und ener-

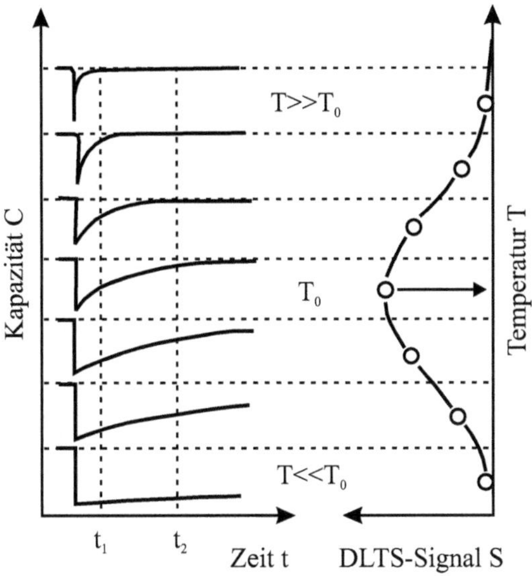

Abbildung 3.3: Ableitung des DLTS-Signals

getischer Lage gilt die Beziehung 2.98 auf Seite 63. Dieser Zusammenhang läßt sich ebenfalls auf die effektive Zustandsdichte im Leitungsband beziehen:

$$e_n = \sigma_n \, v_{thn} \, N_C \, \exp\left(\frac{E_T - E_C}{k_B T}\right) \tag{3.5}$$

Hier bezeichnen σ_n den Einfangquerschnitt für Elektronen und v_{thn} die thermische Geschwindigkeit der Elektronen. Es gelten folgende Beziehungen [94]:

$$c_{n,p} = \sigma_{n,p} \cdot v_{thn,p} \tag{3.6}$$

$$v_{thn} = 2.29 \cdot 10^7 \sqrt{\frac{T}{300}} \, cm \, s^{-1} \tag{3.7}$$

$$v_{thp} = 1.87 \cdot 10^7 \sqrt{\frac{T}{300}} \, cm \, s^{-1} \tag{3.8}$$

Da die effektive Zustandsdichte N_C proportional zu $T^{\frac{3}{2}}$ (siehe Gleichung 2.41 auf Seite 41) und die thermische Geschwindigkeit proportional zu $T^{\frac{1}{2}}$ ist, läßt sich der Ausdruck 3.5 umformen zu:

$$\frac{e_n}{T^2} = \sigma_n \, \frac{v_{thn}\,(T) \, N_C\,(T)}{T^2} \, \exp\left(\frac{E_T - E_C}{k_B T}\right) \tag{3.9}$$

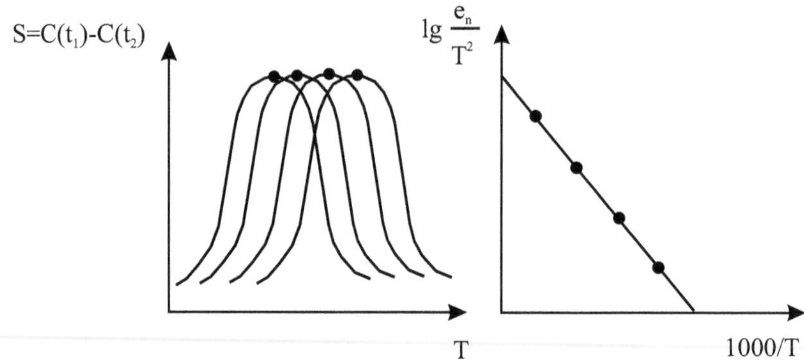

Abbildung 3.4: Prinzip der Arrheniusauswertung

Durch Variation des Ratewindows ergibt sich aus der logarithmischen Darstellung von $\frac{e_n}{T^2}$ über $1000/T$ eine Gerade (die sogenannte Arrheniusgerade), deren Steigung proportional der Aktivierungsenergie ist und aus deren Achsenabschnitt der Einfangkoeffizient bestimmt werden kann (Abbildung 3.4).

Eine zweite und aus den nachfolgenden Gründen zu bevorzugende Möglichkeit für die Ermittlung des Einfangkoeffizienten besteht in der Untersuchung der Einfangkinetik der tiefen Störstelle [139]. Dabei wird der Zusammenhang zwischen der Amplitude des DLTS-Signals und der Füllpulsweite, welche variiert wird, untersucht. Während der Füllpuls angelegt ist, verringert sich die Weite der Raumladungszone, so daß die Störstellen in diesem Bereich Ladungsträger einfangen können. Die Aufladung dieser Zentren erfolgt unter Vernachlässigung von Reemissionsvorgängen mit einer komplementären Exponentialfunktion mit der Zeitkonstanten $\frac{1}{c_n\,n}$. Ist die Zentrenkonzentration kleiner als die Dotierungskonzentration, überträgt sich diese Besetzung auf die Amplitude des dem Füllpuls nachfolgenden Kapazitätstransienten:

$$C_{DLTS} = C_\infty\left[1 - \exp\left(-t_p\,c_n\,n\right)\right] \tag{3.10}$$

C_∞ ist die Amplitude des Kapazitätstransienten bei vollständiger Aufladung der Zentren. Die Temperatur wird so gewählt, daß bei vorgegebenem Ratewindow und vollständiger Besetzung der Störstellen das DLTS-Signal maximal ist, anschließend wird das DLTS-Signal in Abhängigkeit der Füllpulsdauer bei konstanter Temperatur gemessen. Die Darstellung von $\ln\left(1 - \frac{C_{DLTS}}{C_{DLTSmax}}\right)$ über der Füllpulsdauer t_p liefert eine Ursprungsgerade, aus deren Anstieg der Einfangkoeffizient bestimmt werden kann [63, 139].

Ein Vergleich der mit den beiden möglichen Varianten bestimmten Werte für die Einfangraten führt für viele Störstellen in Silizium zu großen Unterschieden, welche nicht auf Meßfehler zurückgeführt werden können. Die Ursache hierfür ist, daß der Einfangquerschnitt σ nicht als unabhängig von der Temperatur angenommen werden kann. Daher entspricht die Aktivierungsenergie in Gleichung 3.5 nicht der thermischen

Aktivierungsenergie. Bei DLTS-Messungen wird nicht die Rate, bei welcher ein Gleichgewichtszustand erreicht wird, sondern vielmehr die Gleichgewichtsträgerdichte in Abhängigkeit der Temperatur gemessen. In diesem Fall muß für die Aktivierungsenergie der Trägerdichte die freie Aktivierungsenthalpieänderung ΔG verwendet werden [17, 139]. Die Abhängigkeit des Einfangquerschnittes von der Temperatur wird meistens durch den Einfang aufgrund eines Multiphononenprozesses beschrieben und hat die Form:

$$\sigma_n\left(T\right) = \sigma_0 \, \exp\left(\frac{E_\sigma}{k_B T}\right) \tag{3.11}$$

Die Energie E_σ stellt ein Maß für die Barriere des Ladungsträgereinfangs dar. Die Aktivierungsenthalpieänderung ΔG selbst hängt von der Enthalpieänderung ΔH und der Entropieänderung ΔS ab, welche durch die Emission eines Elektrons aus der Störstelle in das Leitungsband verursacht wird:

$$\Delta G = \Delta H - T \, \Delta S \tag{3.12}$$

Die Abspaltung eines Entropiefaktors $\chi = \exp\left(\frac{\Delta S}{k_B}\right)$ und das Einsetzen der freien Enthalpieänderung in Gleichung 3.9 führt zu folgender Beziehung:

$$\frac{e_n}{T^2} = \chi_n \, \sigma_n \, \frac{v_{thn}\left(T\right) N_C\left(T\right)}{T^2} \exp\left(\frac{\Delta H}{k_B T}\right) \tag{3.13}$$

Aus Gleichung 3.13 kann abgeleitet werden, daß man aus der Steigung der Arrheniusgeraden die Aktivierungsenthalpie erhält, wenn diese unabhängig von der Temperatur ist [139]. Für DLTS-Messungen an Störstellen mit temperaturabhängigen Einfangquerschnitten müssen die soeben dargestellten Zusammenhänge unbedingt beachtet werden, da anderenfalls, abhängig von den jeweiligen Störstelleneigenschaften, große Fehler bei der Bestimmung der energetischen Lage der Störstelle auftreten können [17].

3.1.1.3 Bestimmung der Zentrenkonzentration

Die Konzentration einer Störstelle läßt sich direkt aus der Kapazitätsänderung nach einem Füll- oder Injektionspuls ableiten. Ausgangspunkt für die Berechnung der Zentrenkonzentration ist zunächst die Berechnung der Raumladung mit Hilfe der Poissongleichung:

$$\Delta\varphi = -\frac{\rho\left(x\right)}{\varepsilon_0 \, \varepsilon_r} \tag{3.14}$$

Aufgrund der Tatsache, daß die laterale Ausdehnung sehr viel größer als die Tiefe der Raumladungszone ist, kann von einem eindimensionalen Fall ausgegangen werden. Die Poissongleichung kann daher durch partielle Integration in folgende Gleichung übergeführt werden:

$$V = V_R + V_{Diff} = \int_0^{d_{SC}} \frac{1}{\varepsilon_0 \, \varepsilon_r} x \, \rho\left(x\right) dx \tag{3.15}$$

Hier bezeichnen V_R die anliegende Sperrspannung, V_{Diff} die Diffusionsspannung und d_{SC} die Weite der Raumladungszone. Für die Raumladung in der Sperrschicht nach dem Anlegen der Sperrspannung gilt mit den Bezeichnungen aus den Abbildungen 3.1 und 3.2 (Seite 68/70) :

$$\frac{\rho\,(x)}{q} = \begin{array}{ll} n_0 + N_T & 0 \leq x \leq x_0 \\ n_0 + N_T\,[1 - \exp\,(-e_n\,t)] & x_0 < x < x(t) \\ n_0 & x(t) \leq x \leq d_{SC}(t) \end{array} \qquad (3.16)$$

Die Lösung von Gleichung 3.15 zum Zeitpunkt $t = 0$, also unmittelbar nach dem Sprung von der Füllpulsspannung V_{Fill} zur Sperrspannung V_R, ergibt den nachstehenden Ausdruck :

$$\frac{\varepsilon_0\,\varepsilon_r}{q}\,(V_R + V_{Diff}) = \int_0^{d_{sc0}} x\,N_D\,dx \;-\; \int_{x_0}^{d_{sc0}} x\,N_T\,(x)\,dx \qquad (3.17)$$

Nach einer hinreichend langen Zeit ist der Umladevorgang der Störstellen abgeschlossen:

$$\frac{\varepsilon_0\,\varepsilon_r}{q}\,(V_R + V_{Diff}) = \int_0^{x_\infty} x\,N_D\,dx \;-\; \int_{x_\infty}^{d_{sc\infty}} x\,(N_D - N_T\,(x))\,dx \qquad (3.18)$$

Die Ausgangsgleichung zur Berechnung der Zentrenkonzentration aus der Amplitude des Kapazitätstransienten ergibt sich, indem die Differenz aus den Gleichungen 3.17 und 3.18 gebildet wird [139]:

$$\int_{d_{sc0}}^{d_{sc\infty}} x\,(N_D - N_T\,(x))\,dx = \int_{x_0}^{x_\infty} -x\,N_T\,(x)\,dx \qquad (3.19)$$

Im Falle einer homogenen Zentrenverteilung läßt sich nun die Störstellenkonzentration nach Anlegen eines Füllpulses berechnen:

$$N_T = \left[\frac{d_{sc0}^2}{d_{sc\infty}^2} - 1\right]\,(N_D - N_T)\,\frac{d_{sc\infty}^2}{x_\infty^2 - x_0^2} \qquad (3.20)$$

Die Sperrschichtweiten d_{sc0} und $d_{sc\infty}$ können durch die Messung der Sperrschichtkapazitäten während der Füllpulsspannung V_{Fill} und während anliegender Sperrspannung V_R bestimmt werden. Die Weite $x_t\,(t)$, bis zu welcher die Störstellen unbesetzt sind, ergibt sich nach [85] wie folgt:

$$x_t(t) = d_{sc}(t) - \sqrt{\frac{2\,\varepsilon_0\,\varepsilon_r}{q\,(N_D - N_T)}\,\frac{E_T - F}{q}} \qquad (3.21)$$

Der Abstand zwischen dem Ende des Umladungsbereiches und dem Rand der Raumladungszone hängt somit vom Ferminiveau und der energetischen Lage der Störstelle ab.

Eine Bestimmung von Störstellenprofilen ist möglich, indem die Füllpulsspannung V_{Fill} bei konstanter Sperrspannung V_R variiert wird. Ausgangspunkt ist die Gleichung

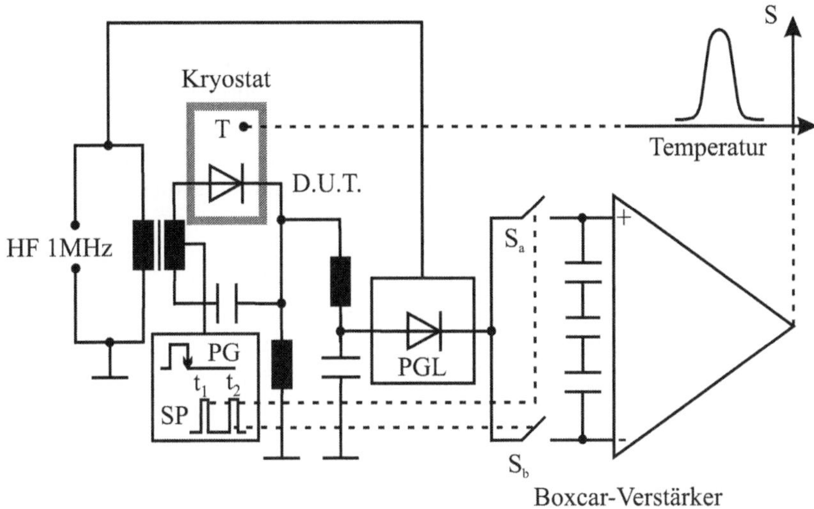

Abbildung 3.5: Funktionsprinzip der verwendeten Boxcar-DLTS-Apparatur: PG Pulsgenerator, SP Samplingpulse, PGL phasenempf. Gleichrichter (aus [139])

3.19, welche jetzt nach der Weite des Füllpulses differenziert werden muß. Zur Bestimmung der Zentrenkonzentration an der Stelle x_0 ist die Amplitude des Kapazitätstransienten in Abhängigkeit der Füllpulsspannung zu messen und die Amplitude C_{DLTS} über der Sperrschichtweite d_{sc0} am Ende Füllpulsspannung aufzutragen (vergleiche Abbildung 3.2 auf Seite 70). Die Weite d_{sc0} läßt sich aus der stationären Messung der Kapazität in Abhängigkeit der Füllpulsspannung bestimmen. Die räumliche Verteilung der Zentrenkonzentration läßt sich nun mit folgender Gleichung ermitteln [139]:

$$N_T\,|_{x_0} = \frac{d_{sc\infty}^2}{x_0}\,\frac{1}{C_R\,(0)}\,\frac{(N_D - N_T)\,|_{d_{sc0}}}{1 - \frac{d\,(d_{sc0} - x_0)}{d\,x_0}}\,\frac{d\,C_{DLTS}}{d\,x_0} \tag{3.22}$$

3.1.1.4 Aufbau der DLTS-Anlage

Alle DLTS-Messungen im Rahmen dieser Arbeit wurden am Institut für Hochfrequenztechnik- und Halbleiter-Systemtechnologien an der TU Berlin durchgeführt. Basis dieses DLTS-Meßplatzes ist die Apparatur DL4950 der Firma Biorad/Polaron, welche u.a. durch Leistungspulsgeneratoren erweitert wurde und damit die Erzeugung von Injektionspulsen hoher Stromdichte ermöglicht. Abbildung 3.5 zeigt das Funktionsprinzip der DLTS-Apparatur. Für die Messung der Kapazitätstransienten kommt eine Boonton 72B Kapazitätsmeßbrücke zum Einsatz. Hier wird bei der Messung der Kapazität der Strom durch die Probe mit dem Strom durch eine Vergleichskapazität verglichen und über einen auf die Meßfrequenz von 1 MHz abgestimmten Serienresonanzkreis ausgekoppelt. Diese Dreipunktmessung bietet den Vorteil, Einflüsse parasitärer Kapazitäten auf das Meßergebnis weitestgehend zu vermeiden. Die Auswertung des kapazitiven Signalanteiles erfolgt über den phasenempfindlichen Gleichrichter PGL. Das DLTS-Signal selbst wird mit Hilfe eines Boxcarverstärkers gebildet, indem zu den beiden Zeitpunkten t_1 und t_2 der Kapazitätstransient abgetastet und im Anschluß die Differenz der beiden gemessenen Kapazitäten gebildet wird. Die Darstellung dieses Signals S über der Temperatur liefert ein Temperaturscan-DLTS-Signal.

Die Steuerung der DLTS-Anlage erfolgt komplett über einen Rechner, zusätzlich können Kapazitätstransienten auch mit Hilfe eines Speicheroszilloskops aufgenommen werden. Für die Untersuchung der Einfangkinetik zur Bestimmung von Einfangkoeffizienten kann das DLTS-Signal in Abhängigkeit von der Weite des Füllpulses gemessen werden. Hierfür muß die Meßapparatur durch ein sogenanntes "Fast Pulse Interface" erweitert werden. Dieses ist notwendig, da aufgrund der Anstiegszeit der Kapazitätsmeßbrücke von $50\mu s$ kurze Füllpulse nicht über diese auf die Probe aufgeschaltet werden können. Diese Interfaceschaltung wird direkt an den Pulsgenerator angeschlossen und ermöglicht die Erzeugung von Füllpulsen mit einer Dauer von 20ns bei 5ns Anstiegszeit. Bei erzeugbaren Ladungsträgerdichten im Bereich von $10^{13} cm^{-3}$ bedeutet dies einen meßbaren Einfangquerschnitt in der Größenordnung von $10^{-14} cm^2$.

Die Probe befindet sich in einem temperaturgeregelten Kryostaten. Mit einem Kühlaggregat von CTI Cryotronics lassen sich Temperaturen bis 8K erzeugen. Die Probe wird auf einen Kühlfinger montiert, in dem sich ein zweistufiger Verdrängerkolben als Teil eines geschlossenen Heliumkreislaufs befindet. Die Temperatur wird mit einer unterhalb der Probenaufnahme angebrachten Siliziumdiode gemessen, gegengeheizt wird über eine Heizwicklung unterhalb des Probenhalters. Alle Parameter des Temperaturreglers lassen sich über den Steuerrechner einstellen.

Die zur Verfügung stehende Software zur Steuerung und Auswertung der Kapazitäts- und DLTS-Messungen bietet folgende Funktionen:

- Aufnahme von CV-Kurven

- Bestimmung der Dotierungskonzentration aus dem $C^{-2}V$ - Verlauf

- Aufnahme des Temperaturscan-DLTS-Spektrums

- Arrheniusauswertung für die Bestimmung der Aktivierungsenergie und der Einfangkoeffizienten

- Trapbibliothek

- CV-Messung mit schnellem Spannungsscan

- Bestimmung der örtlichen Zentrenkonzentrationsverteilung durch Variation des Füllpulses

- Aufnahme eines DLTS-Spektrums nach der Lock-In-Methode bei konstanter Temperatur

3.1.2 Grenzen des DLTS-Verfahrens

DLTS-Messungen erlauben im Falle von n-Silizium die Charakterisierung von Störstellen in der oberen Hälfte der Bandlücke, da die Änderung der Sperrspannung ansonsten keine Umladungseffekte hervorruft. Nach Ladungsträgerinjektion ist zwar die Analyse auch von tiefer liegenden Niveaus möglich, die Besetzbarkeit dieser Zustände ist jedoch stark von den vorliegenden Einfangkoeffizienten für Elektronen und Löcher abhängig. Problematisch bei Minoritätsträger-DLTS-Messungen ist weiterhin, daß einerseits beide Einfangkoeffizienten in die Auswertung eingehen und zum anderen die erzeugte Überschußträgerkonzentration bekannt sein muß. Diese läßt sich zwar mit Hilfe der Beziehung 3.25 auf Seite 79 abschätzen, allerdings ist diese Vorgehensweise stark fehlerbehaftet. Es ist daher vorteilhaft, für die Bestimmung dieser Parameter Proben in p-Silizium heranzuziehen.

Liegen Mehrniveausysteme vor, kann u.U. nur ein Bruchteil der Störstellen besetzt werden, so daß diese sich dem Nachweis entziehen [167]. Im Falle der in dieser Arbeit charakterisierten Störstellen handelt es sich allerdings nicht um solche Zentren.

Die untere Grenze des Meßverfahrens wird durch die Genauigkeit der Kapazitätsmessung vorgegeben und liegt im Bereich von ca. $10^{10} cm^{-3}$. Die obere Grenze wird durch die maximal erlaubte Anzahl der vorliegenden freien Ladungsträger bestimmt - diese muß kleiner der Grunddotierung sein. Anderenfalls ergibt sich ein nicht exponentieller Kapazitätstransient, da sich das untersuchte Volumen während der Messung stark verändert. Diese Einschränkung führt zu Problemen bei Messungen von lokalen Zentrenverteilungen, wie sie durch Bestrahlungen mit Helium hervorgerufen werden. Es sind vor allem im Peak deutlich höhere Störstellendichten im Vergleich zur Grunddotierung zu erwarten, so daß die Resultate der DLTS-Messungen hier nur als Anhaltspunkte dienen können.

Ein weiteres Problem tritt auf, wenn die thermischen Emissionsraten vom elektrischen Feld abhängen - in diesem Fall hängt die Emissionsrate von der Position innerhalb der Verarmungszone ab. Auch hier resultiert ein nicht exponentieller Kapazitätstransient. Dieser Effekt läßt sich aber durch geeignete Wahl der Füllpulsspannung vermindern [17].

Bedingt durch das Meßprinzip ergeben sich Einschränkungen für die Untersuchung der Temperaturabhängigkeit von Einfangkoeffizienten. Derartige Messungen sind nur innerhalb eines gewissen Temperaturintervalls, in welchem ein DLTS-Signal nachweisbar ist, durchführbar. Eine Interpolation über sehr weite Temperaturbereiche ist in der Regel nicht möglich, da sich die in Frage kommenden Rekombinationsmechanismen bzw. deren Eigenschaften ändern. In Abhängigkeit der Eigenschaften der zu untersuchenden Störstelle müssen daher weitere Meßverfahren zur Bestimmung der Zentreneigenschaften hinzugezogen werden wie z.B. Messungen zur Bestimmung der resultierenden Trägerlebensdauer. Darüber hinaus exisitieren weitere Meßverfahren zur Bestimmung von Zentreneigenschaften wie Admittanzspektroskopiemessungen [17, 39], TSC-Messungen (Messungen der thermisch angeregten Leitfähigkeit) [17, 162] oder zeitaufgelöste Fotolumineszenz- und Fotoleitfähigkeitsmessungen [45].

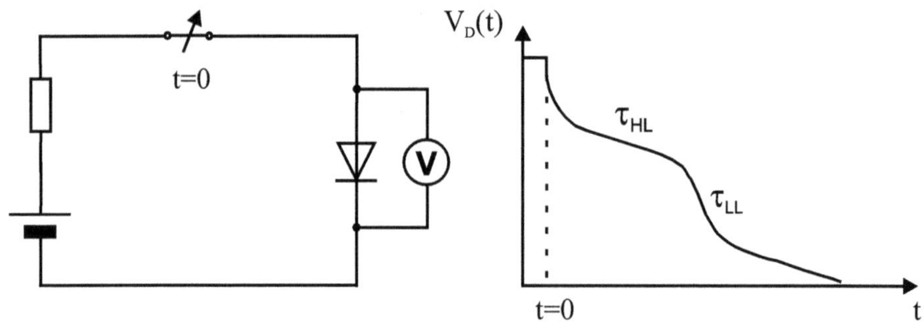

Abbildung 3.6: (a) Meßprinzip der OCVD-Methode und (b) Prinzipieller Verlauf der Meßkurve

3.2 OCVD-Messungen

3.2.1 Grundprinzip

Die OCVD (Open Circuit Voltage Decay) - oder Leerlaufspannungsmeßmethode zur Bestimmung von Ladungsträgerlebensdauern wurde 1955 vorgestellt [83]. Heutzutage stellt die OCVD-Meßmethode eine allgemein anerkannte und weit genutzte Methode zur Bestimmung von Trägerlebensdauern dar.

Die OCVD-Methode beruht darauf, innerhalb einer Diode Überschußträger z.B. aufgrund eines Stromflusses zu erzeugen (Abbildung 3.6a). Im Falle von pin-Dioden ist diese Überschußladung hauptsächlich im Gebiet der n^-- Basiszone konzentriert. Zum Zeitpunkt t=0 wird der Stromfluß abrupt unterbrochen, in der Folge werden die Überschußträger in der Diode durch Rekombination abgebaut. Dieser Ladungsträgerabbau ist anhand des zeitlichen Verlaufs der Leerlaufspannung über der Diode meßbar (Abbildung 3.6b). Der Spannungssprung zum Zeitpunkt t=0 resultiert aus dem plötzlichen Abschalten des Stromflusses und den Serienwiderständen im Bauelement selbst. Der vergleichsweise große Spannungsabfall im unmittelbar darauf folgenden Zeitintervall wird hauptsächlich durch Emitterrekombination verursacht. Der Einfluß der Emitterrekombination ist nach einer Zeit $t > 2.5\,\tau_B$ vernachlässigbar, wobei τ_B für die Lebensdauer in der Basiszone steht [65]. Nach dieser Phase ist es möglich, die Hochinjektionslebensdauer aus dem ersten linearen Teil der Kurve zu bestimmen. Im Unterschied zur Bestimmung der Hochinjektionsträgerlebensdauer aus der Speicherladung ist die OCVD-Methode auch bei sehr hohen Überschußträgerdichten einsetzbar [130]. Durch den Abbau der Überschußladungsträger in der Diodenbasis sinkt die Dichte der injizierten Minoritäten schließlich unter die Dichte der Majoritätsträger, wodurch ein abrupter Anstieg des Spannungsabfalls mit der Zeit verursacht wird [8]. Aus dem nun folgenden zweiten linearen Teil der OCVD-Kurve läßt sich prinzipiell die Niederinjektionslebensdauer bestimmen.

Die Hochinjektionslebensdauer ergibt sich aus folgender Beziehung:

$$\tau_{HL} = \frac{2k_BT}{q} \left(\frac{dV}{dt}\right)^{-1} \tag{3.23}$$

Für die Niederinjektionslebensdauer gilt folgende Beziehung:

$$\tau_{LL} = \frac{k_BT}{q} \left(\frac{dV}{dt}\right)^{-1} \tag{3.24}$$

Die in der Mittelzone der Diode vorliegende Überschußträgerdichte läßt sich nach Gleichung 3.25 näherungsweise aus der OCVD-Spannung bestimmen. Allerdings gehen aufgrund der exponentiellen Abhängigkeit der Überschußträgerdichte $\bar{p}$ von der Leerlaufspannung Meßfehler sehr stark in das Ergebnis ein, so daß diese Beziehung nur für Abschätzungen benutzt werden sollte:

$$\bar{p} = n_i \, exp \left(\frac{q\,V_D(t)}{2k_BT}\right) \tag{3.25}$$

Wenn der Fall vorliegt, daß eine Störstelle das Rekombinationsverhalten bei Hoch- und/oder Niederinjektion dominiert, können bei bekannten Zentrenkonzentrationen (z.B. aus DLTS-Messungen) aus den gemessenen Lebensdauern die Einfangraten bestimmt werden. So läßt sich Gleichung 2.80 auf Seite 47 auch wie folgt schreiben:

$$\tau_{HL} = \frac{1}{c_n\,N_T} + \frac{1}{c_p\,N_T} \tag{3.26}$$

Ist eine der beiden Einfangraten deutlich kleiner, kann der jeweils andere Term entfallen. Dies trifft z.B. für das A-Zentrum E(90K) zu, hier wird die Hochinjektionslebensdauer durch den Einfangkoeffizienten für Elektronen kontrolliert.

Zu berücksichtigen ist desweiteren der Einfluß der Lebensdauer des Grundmaterials, insofern diese nicht sehr hoch ist. Für das Beispiel des A-Zentrums (oder jedem anderen Fall, in dem die Lebensdauer durch einen der beiden Einfangkoeffizienten kontrolliert wird), gilt der nachstehende Ausdruck:

$$\frac{1}{\tau_{HL}} = c_n\,N_T + \frac{1}{\tau_0} \tag{3.27}$$

Hierin bezeichnet τ_0 die Hochinjektionslebensdauer des unbestrahlten Grundmaterials.

Aus der Niederinjektionslebensdauer kann für Störstellen mit energetischer Lage nahe der Bandmitte bei wiederum bekannter Störstellenkonzentration der Einfangkoeffizient für Löcher bestimmt werden, die Beziehung hierfür folgt unmittelbar aus Gleichung 2.83 auf Seite 47:

$$c_p = \frac{1}{N_T\,\tau_{LL}} \left(1 + \frac{n_i\,n_1}{n_0}\right) \tag{3.28}$$

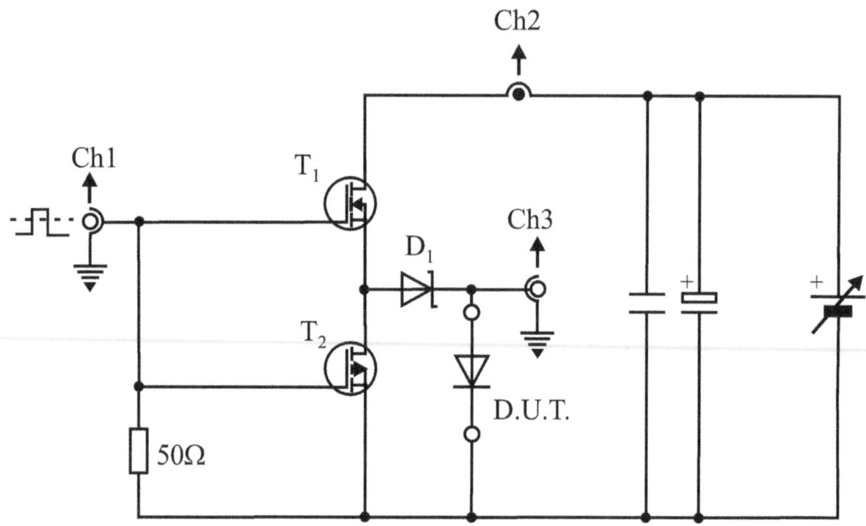

Abbildung 3.7: OCVD-Meßschaltung

Mit Hilfe der Gleichungen 3.27 und 3.28 ist es unter Beachtung aller Voraussetzungen möglich, durch Lebensdauermessungen die kontrollierenden Einfangraten für die jeweils dominierende Störstellen zu bestimmen. Diese Messungen können bei beliebigen Temperaturen durchgeführt werden, so daß im Unterschied zu DLTS-Messungen eine Charakterisierung im Arbeitstemperaturbereich von Leistungshalbleiterbauelementen erfolgen kann. Diese so gewonnenen Parameter sind die Voraussetzung, um realitätsnahe Simulationen lebensdauereingestellter Bauelemente zu ermöglichen.

3.2.2 Meßaufbau und Einschränkungen

Bei der OCVD-Methode ergeben sich verschiedene Einschränkungen sowohl aus dem Meßprinzip als auch aus den Bedingungen für das Vorliegen von Hoch- oder Niederinjektion.

Aufgrund des Meßprinzips (Messung der Leerlaufspannung als Maß für die Ladungsträgerdichte im untersuchten Bauelement) ergibt sich zwangsweise, daß parasitäre Kapazitäten zu einer Verfälschung der Ergebnisse führen. Insbesondere bei Bauelementen mit einer großen Fläche sind also Fehler vor allem bei der Bestimmung von Niederinjektionslebensdauern zu erwarten. Verfälschungen können aber auch durch die Leitungskapazitäten der Meßleitungen oder einen zu niedrigen Eingangswiderstand des Oszilloskops entstehen. Es bestehen jedoch im Bedarfsfalle Möglichkeiten zur Kompensation wie sie z.B. in [42] vorgeschlagen werden.

Aber ebenfalls durch die Meßschaltung selbst können zusätzliche Fehler verursacht

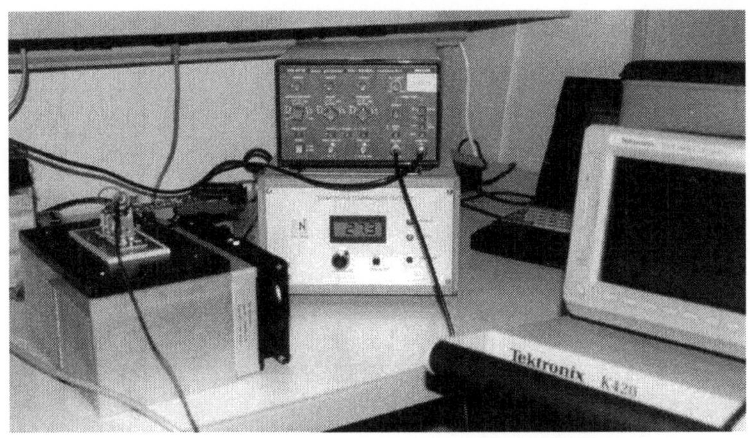

Abbildung 3.8: Der aufgebaute OCVD-Meßplatz

werden. Aus diesem Grunde wurde die in Abbildung 3.7 gezeigte Schaltung entwickelt. In dieser sorgt der Power-MOSFET T_1 für ein schnelles Schalten des Flußstromes, welcher sich im Bereich von 10A...30A bewegt. Bei Abschalten des Stromes wird T_2 geöffnet, das Potential an der Anode von D_1 sinkt daher sehr schnell ab und führt zum Sperren dieser Diode. Für die Diode D_1 ist eine Schottkydiode zu verwenden. Schottkydioden schalten schnell ab und weisen nur eine sehr geringe und damit das Meßergebnis kaum verfälschende Speicherladung auf. Desweiteren müssen die Umschaltvorgänge sehr schnell erfolgen. Im vorliegenden Meßaufbau kam daher der Pulsgenerator PM5712 von Philips mit einer Flankenanstiegs- und -abfallzeit von 4ns zum Einsatz. Aufgrund der hohen Stromdichten muß zur weitestgehenden Vermeidung der Eigenerwärmung der Probe mit Einzelimpulsen gearbeitet werden. Der steuernde Impuls triggert gleichzeitig das Oszilloskop. Zur Vermeidung von Verkopplungen hat es sich als günstig erwiesen, Batterien anstelle eines Netzteiles einzusetzen. Komplettiert wird der Meßplatz durch einen Temperiertisch auf Basis von Peltierelementen, welcher die Einstellung von Temperaturen im Bereich von 230K - 430K ermöglicht. Abbildung 3.8 zeigt den aufgebauten Meßplatz.

Aus den Bedingungen für das Vorliegen des Hochinjektionsfalles (Gleichung 2.79 auf Seite 47) ergeben sich in Abhängigkeit der energetischen Lage einer Störstelle innerhalb der verbotenen Zone weitere Konsequenzen. Aus Gleichung 2.43 auf Seite 41 zur Bestimmung der Größe n_1 folgt, daß für die Gültigkeit der Hochinjektionsbedingung bei zunehmender Annäherung des Störstellenniveaus an die Leitbandkante sowie mit steigender Temperatur immer höhere Überschußträgerdichten vorliegen müssen. Abbildung 3.9 verdeutlicht diese Zusammenhänge anhand zweier typischer Störstellen - dem vergleichsweise flachen A-Zentrum E(90K) sowie dem fast in der Bandmitte liegendem Zentrum E(270K). Es zeigt sich, daß für gültige Hochinjektionslebensdauermessungen

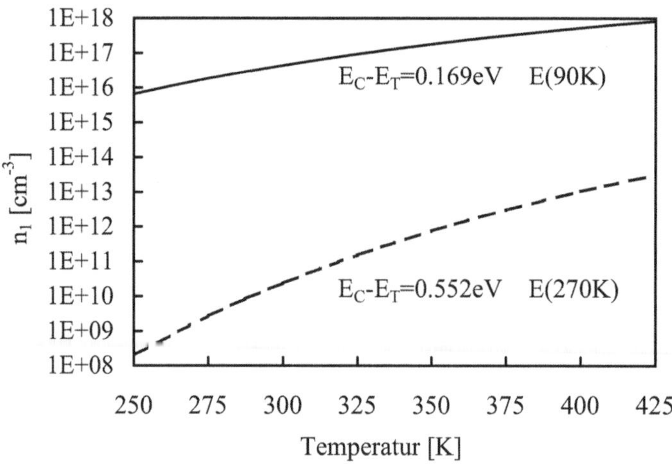

Abbildung 3.9: Abhängigkeit der Größe n_1 von Störstellenposition und Temperatur

an Proben, deren Lebensdauer durch das A-Zentrum E(90K) kontrolliert wird, sehr hohe Überschußträgerdichten erforderlich sind. Für die durchgeführten OCVD-Messungen ergab sich mit Hilfe der Abschätzung der mittleren Trägerdichte entsprechend der Gleichung 3.25 auf Seite 79 eine maximale realisierbare Überschußdichte im Bereich von $2 \cdot 10^{16} cm^{-3}$. Dieser Wert ist deutlich zu niedrig, so daß andere Möglichkeiten der Erzeugung von Ladungsträgerpaaren genutzt werden müssen. Ein vergleichsweise einfache Variante stellt hier die optische Generation von Ladungsträgern dar.

3.2.3 Optische OCVD

Die optische Generation von Ladungsträgern bewirkt eine deutlich höhere erzeugbare Überschußladungsträgerdichte, da die Menge der zugeführten Energie nur durch Absorptionseffekte vermindert wird und somit nur durch die optische Leistung der Strahlungsquelle begrenzt wird. Im Unterschied dazu beschränken bei elektrischer Generation von Ladungsträgerpaaren die Bahnwiderstände als auch die Injektionseigenschaften der Emitter die Anzahl der erzeugbaren Ladungsträgerpaare.

Ein wichtiges Kriterium ist die Leistungsdichte der Strahlungsquelle, besonders geeignet sind daher Laser. Um eine möglichst homogene Dichte erzeugter Ladungsträger entlang der vertikalen Achse in der niedrigdotierten Mittelzone der Dioden zu erhalten, muß der Absorptionskoeffizient möglichst klein sein. Diese Bedingung ist bei Nutzung der primären Wellenlänge eines Nd:YAG-Lasers (Neodym-Yttrium-Aluminum-Garnet) von $\lambda = 1064nm$ erfüllt [39, 43]. Bei dieser Wellenlänge hat der Absorptionskoeffizient in einkristallinem Silizium einen Wert von $\alpha = 10cm^{-1}$. Zu beachten ist weiterhin das An- und Abklingverhalten des Lasers - aufgrund der relativ langen Zeiten, welche im

Abbildung 3.10: OCVD-Meßplatz mit optischer Anregung durch einen Laser

Bereich der gemessenen OCVD-Verläufe liegen, scheiden daher lampengepumpte Laser aus. Daher wurden diese Messungen mit dem diodengepumpten, gütegeschalteten YAG-Laser JOL-R60 der Jenoptik Laser-Optik-Systeme GmbH durchgeführt. Dieses System erlaubt maximale Pulsenergien von 6...10mJ bei einer Pulslänge von 70...120ns und Pulsfrequenzen von 1...50kHz. Dies entspricht einer maximal erreichbaren Pulsleistung von 50...140kW. Um einerseits die untersuchten Samples nicht zu zerstören und andererseits eine homogene Verteilung des Strahls über der gesamten Bauelementefläche zu erreichen, wurde der Laserstrahl auf die Größe der in die Metallisierung geätzten Öffnung defokussiert. Abbildung 3.10 zeigt den aufgebauten Meßplatz zur Durchführung von Lebensdauermessungen mit optischer Injektion von Ladungsträgern.

Durch die optische Anregung von Ladungsträgerpaaren ließen sich Überschußträgerdichten im Bereich bis zu $3 \cdot 10^{17} cm^{-3}$ erzielen. Entsprechend Abbildung 3.9 auf der vorherigen Seite sind die Bedingungen für das Vorliegen von Hochinjektion bei Untersuchung des Zentrums E(90K) daher bis zu einer Temperatur von ungefähr 375K erfüllt.

Kapitel 4

Experimentelle Ergebnisse

4.1 Probenübersicht

Zur Untersuchung der Zentreneigenschaften an bestrahlten Dioden und der Verifizierung
der erhaltenen Ergebnisse wurden Diodenproben mit verschiedenen Bestrahlungsparametern gefertigt. Zusätzlich konnten weitere Proben aus vorhergehenden Forschungsarbeiten zu Vergleichszwecken herangezogen werden [25],[144]. Alle Proben wurden auf der
Produktionslinie für CAL-Dioden der Semikron GmbH Nürnberg gefertigt. Die Samples
lassen sich in verschiedene Gruppen unterteilen, welche im ersten Teilabschnitt vorge-

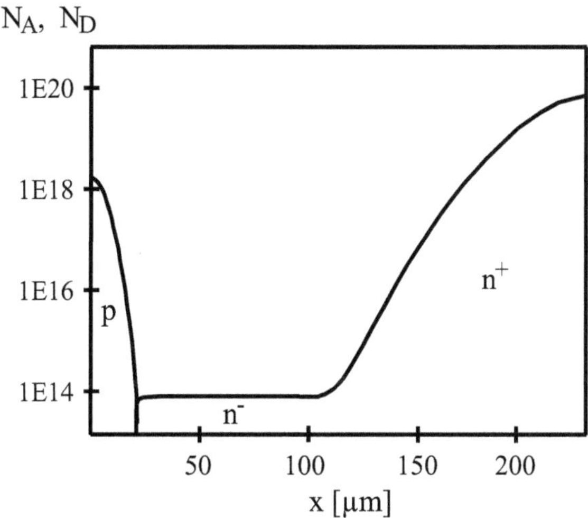

Abbildung 4.1: Dotierungsprofil der 1.2kV n-Diodenproben

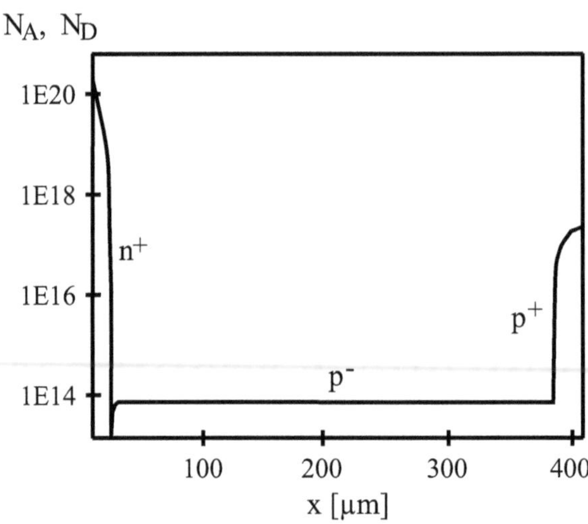

Abbildung 4.2: Dotierungsprofil der p-Diodenproben

stellt werden. Für die Verifikation der erhaltenen Ergebnisse wurden weiterhin IGBT-Chips mit einer NPT-Struktur und einer Sperrspannung von 1.2kV unterschiedlichen Bestrahlungen ausgesetzt und charakterisiert. Diese Proben werden im zweiten Teilabschnitt vorgestellt. Den Abschluß bilden tabellarische Übersichten aller in dieser Arbeit untersuchten Proben.

4.1.1 Diodenproben

4.1.1.1 Unbestrahlte Proben

Diese Proben werden für die Charakterisierung der Eigenschaften des Basismaterials sowie die Kalibrierung des Simulators benötigt. Diese Samples durchlaufen bis auf die Teilchenimplantation den gleichen Prozeß wie die bestrahlten Typen, insbesondere den abschließenden Ausheilschritt. Alle n-Dioden sind für eine Sperrspannung von 1200V ausgelegt, die Weite der Mittelzone mit einer Dotierung von ca. $6 \cdot 10^{13} \text{cm}^{-3}$ beträgt ungefähr 90µm. Die Gesamtweite der Bauelemente beträgt 230µm bei einer aktiven Fläche von 6mm². Der Verlauf der Dotierung in den n-Samples wurde mit Spreading-Resistance-Messungen bestimmt und ist in Abbildung 4.1 dargestellt. Der pn-Übergang liegt in einer Tiefe von ungefähr 22µm bzw. 11.5µm bei Samples mit verringerter Eindringtiefe des pn-Überganges.

Für einige DLTS-Messungen ergab sich die Notwendigkeit von Proben in p-Silizium. Hierfür stand p-Material mit einer Grunddotierung von ungefähr $3 \cdot 10^{13} \text{cm}^{-3}$ und einer Waferdicke von 420µm zur Verfügung. Diese Proben wurden unter Nutzung der vorhandenen Maskensätze dem gleichen Prozeß, wie er bei der Herstellung der n-Dioden

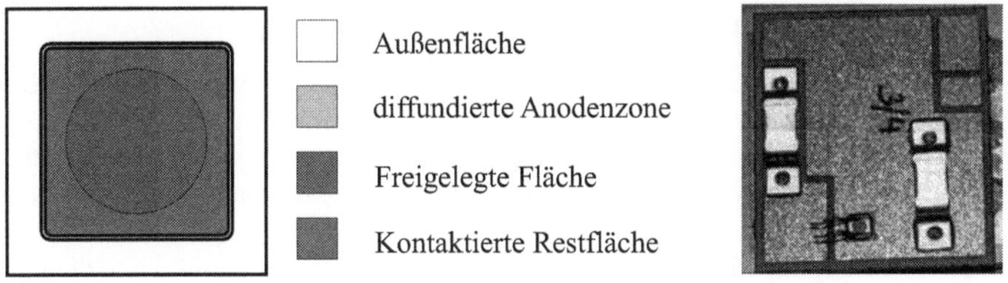

Abbildung 4.3: Diodenchips präpariert für optische OCVD-Messungen

gefahren wird, unterzogen. Das resultierende Diodenprofil ist in Abbildung 4.2 dargestellt. Der pn-Übergang liegt in einer Tiefe von 8.5μm. Sperrspannungsmessungen an der unbestrahlten p-Probe ergaben ein Sperrvermögen von 880V.

4.1.1.2 Elektronenbestrahlte Proben

Anhand dieser Proben erfolgt die Bestimmung aller relevanten Zentrenparameter. Zur Untersuchung des Einflusses der Bestrahlungsenergie wurden Elektronenbestrahlungen mit einer Energie von 1.1MeV und 10MeV durchgeführt. Aufgrund der zu erwartenden Überlagerung der Grundlebensdauer mit der aus den Bestrahlungen resultierenden Lebensdauer (siehe Abschnitt 3.2.1) wurde die Elektronendosis in jeweils drei Stufen im Bereich von $10^{14} - 10^{15}$cm^{-2} (E=1.1MeV) bzw. $10^{13} - 10^{14}$cm^{-2} (E=10MeV) variiert. Weiterhin ermöglicht die Dosisvariation die Charakterisierung der entstehenden Zentrenkonzentration in Abhängigkeit von der Energie. Alle Samples sind bei einer Temperatur von mehr als 330°C für eine Stunde ausgeheilt.

Zusätzlich standen für Vergleichsmessungen weitere mit einer Energie von 4.5MeV bestrahlte n-Dioden zur Verfügung, welche in einem Vorgängerprojekt gefertigt und weitestgehend charakterisiert wurden [144]. Diese Proben weisen ebenfalls das in Abbildung 4.1 gezeigte Dotierungsprofil auf, unterscheiden sich aber durch die größere aktive Fläche von 0.467cm^2. Die Elektronendosis wurde hier in fünf Stufen im Bereich von $10^{14} - 10^{15}$cm^2 verändert. Dadurch werden zusätzliche Untersuchungen zur Abhängigkeit der entstehenden Zentrenkonzentration von der Bestrahlungsenergie ermöglicht.

Für eine genauere Bestimmung der Löchereinfangkoeffizienten von Zentren in der oberen Hälfte der Bandlücke mit Hilfe von DLTS-Messungen (siehe Abschnitt 3.2.2) wurden p-Samples mit einer Energie von 1.1MeV sowie einer Dosis von 10^{14}cm^{-2} elektronenbestrahlt und bei über 330°C ausgeheilt.

Aufgrund der in Abschnitt 3.2 gezogenen Schlußfolgerungen zur Gültigkeit der Hochinjektionsnäherung bei Messungen der Lebensdauer wurde bei einem Teil der Chips ein Loch in die Metallisierung geätzt, um Ladungsträger optisch zu generieren. Abbildung 4.3 zeigt eine Skizze der Anodenseite der präparierten Samples sowie das Foto eines solchen aufgebauten Diodenchips.

4.1.1.3 Mit Heliumkernen bestrahlte Proben

Optimale Eigenschaften bestrahlter Bauelemente lassen sich oft nur durch eine Kombination von globalen und lokalen Lebensdauereinstellungen realisieren. Trotz der komplizierteren Technologie der Bestrahlung mit Helium ist dieser in vielen Fällen aufgrund der fehlenden Dotierungswirkung im Vergleich zu Protonenimplantationen der Vorzug zu geben.

Für die Bestimmung der Zentrenprofile sind Samples ungeeignet, bei denen sich der Rekombinationszentrenpeak unmittelbar vor dem pn-Überganges befindet wie es zur Realisierung eines soften Recovery-Verhaltens erforderlich ist. Um mit dem DLTS-Verfahren Profilmessungen durchführen zu können, müssen die zu bestimmenden Profile vollständig innerhalb der niederdotierten Mittelzone hinter dem pn-Übergang liegen. Aus diesem Grund wurde für diese Messungen in den nur mit Helium beschossenen Proben in n-Silizium die Eindringtiefe des pn-Überganges auf $11.5\mu m$ verringert.

Desweiteren wurden zusätzlich einige n- und p-Proben einer Kombination aus beiden Bestrahlungstypen unterzogen. Diese Samples weisen im Falle der n-Proben eine Tiefe des pn-Überganges von $22\mu m$ auf, so daß sich der Heliumpeak vor dem pn-Übergang befindet.

4.1.1.4 Proben mit einem Sperrvermögen von 3.5kV

Für Vergleichsmessungen standen 3.5kV-Dioden, die einmal einer Elektronen- und einmal einer Kombination von Elektronen- und Heliumbestrahlung unterzogen wurden, zur Verfügung. Das Dotierungsprofil entspricht weitgehend dem in Abbildung 4.1 gezeigten Profil, Weite und Dotierung der Mittelzone sind entsprechend den höheren Sperrspannungsanforderungen angepaßt, die aktive Fläche der Bauelemente ist $0.91cm^2$. Die Grundlebensdauer wurde mit Hilfe einer Elektronenbestrahlung mit einer Energie von 10MeV eingestellt. Die Dosis der Heliumbestrahlung wurde auf 25% im Vergleich zur Diode 11EH verringert, um die in [94] beschriebene Entstehung von Schwingungen sehr hoher Frequenz (Impattoszillationen) aufgrund temporär geladener Störstellen bei niedrigen Arbeitstemperaturen zu verhindern (siehe Kapitel 6.3 auf Seite 146).

4.1.2 IGBT-Proben

4.1.2.1 Grundstruktur

Für die Untersuchung des Einflusses verschiedener Bestrahlungen zur Verifizierung der gefundenen Störstellenparameter konnten innerhalb eines anderen Forschungsprojektes gefertigte IGBT-Entwicklungswafer genutzt werden [113]. Die Bauelemente weisen eine NPT-Struktur auf und sind für eine Sperrspannung von 1.2kV ausgelegt. Abbildung 4.4 zeigt die Struktur dieser IGBT's. Im Unterschied zu dem in Abbildung 2.16 auf Seite 33 gezeigten Grundaufbau eines NPT-IGBT wurden an der DMOS-Zelle an der Oberseite des Bauelementes einige Veränderungen mit nachstehenden Zielen vorgenommen [113]:

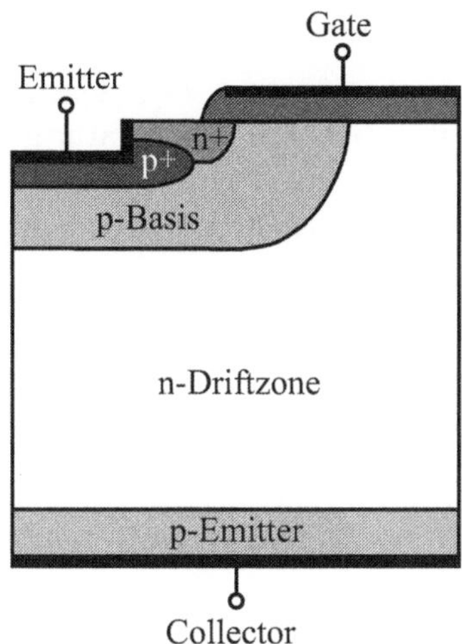

Abbildung 4.4: Grundstruktur der 1.2kV NPT IGBT

- doppelte n^+- Implantation zur Erzeugung des n^+ - Gebietes (dem Sourcegebiet) durch jeweils eine Implantation vor und nach Erzeugung des Spacergebietes mit dem Ziel einer verbesserten Kurzschlußfestigkeit aufgrund des erhöhten Kanalwiderstandes [80]

- verbesserte Reproduzierbarkeit der Schwellspannung durch Einfügen eines Spacers, daß p^+- Gebiet wird nach der Erzeugung des Spacers eingebracht und in Richtung des Kontaktloches verschoben [105, 122, 171]

- Verkleinerung der inneren Zelle durch Einfügen eines vertikalen Kurzschlusses zwischen dem n^+- Gebiet und dem p^+- Gebiet durch einen vertikalen Ätzschritt und nachfolgender Metallisierung [50, 80, 122, 171]

- Erzeugung einer vergrabenen p^+- Schicht mit dem Ziel der Verschiebung des Latch-Up der parasitären Thyristorstruktur hin zu höheren Stromdichten [28]

Innerhalb des IGBT-Entwicklungsprojektes wurde neben der Gestaltung der DMOS-Zelle ebenfalls der Einfluß unterschiedlicher Rückseitenemitter untersucht. Die für die Bestrahlungsversuche genutzten Wafer waren Varianten mit einer vergleichsweise niedrigen p-Dotierung des Rückseitenemitters im Bereich von ca. $6 \cdot 10^{16} cm^{-3}$. Daher weisen diese Bauelemente eine im Vergleich zu marktüblichen IGBT höhere Flußspannung von ungefähr $3.2V$ bei Nennstrom ($25A$ bzw. $80A/cm^2$) und Raumtemperatur auf.

4.1.2.2 Bestrahlungsvarianten

Die Ausheilung aller Bauelemente erfolgt bei den gleichen Bedingungen wie im Falle der Diodenproben für eine Stunde bei einer Temperatur größer 330°C.

Unbestrahlter Typ NPT12N Dieser IGBT wurde nicht bestrahlt, um eine Kalibrierung des Simulators zu ermöglichen und um anhand der Kennwerte dieses Typs im Vergleich die Auswirkungen der jeweiligen induzierten Störstellenprofile erkennen zu können.

Elektronenbestrahlter Typ NPT12E Eine homogene Absenkung der Trägerlebensdauer im NPT-IGBT wird mit einem Anstieg vor allem der Durchlaßverluste verbunden sein. Allerdings ermöglicht eine solche Lebensdauereinstellung einen einfachen Vergleich zwischen Simulation und Messung. Grund ist das homogene Profil der eingebrachten Störstellen, was bei entsprechender Wahl der Bestrahlungsparameter als identisch zu dem in Dioden gefundenen angesehen werden kann. Um den Effekt der Lebensdauereinstellung möglichst deutlich nachweisen zu können, wurde eine relativ hohe Bestrahlungsdosis von $1 \cdot 10^{15} cm^{-2}$ bei einer Energie von $1.1 MeV$ gewählt (analog Probe 11E3).

Heliumbestrahlter Typ NPT12H1 (flaches Profil) Zur Verbesserung vor allem des Schaltverhaltens wird bei PT-IGBT oftmals die Trägerlebensdauer unmittelbar im Gebiet des n-Buffers durch eine Helium- oder Protonenbestrahlung abgesenkt. Dadurch werden die Schaltzeiten verkürzt und die Abschaltverluste abgesenkt, während die Durchlaßverluste nur gering ansteigen. Darüber hinaus wird ein positiver Koeffizient der Sättigungsspannung $V_{CE_{sat}}$ über einen weiten Strombereich erreicht [101, 103]. Daher wurde ein sehr flaches Heliumprofil mit der minimal möglichen Bestrahlungsenergie von 0.75MeV von der Rückseite des IGBT eingebracht. Der Rekombinationszentrenpeak befindet sich daher unmittelbar vor dem rückseitigen p-Emitter im n^-- Gebiet. Die Bestrahlungsdosis wurde mit $7 \cdot 10^{11} cm^{-2}$ identisch zu der Dosis in den Dioden 11H2 und 11EH gewählt. Im Fall der vorliegenden NPT-IGBT sind aber nur geringe Verbesserungen der Kennwerte zu erwarten, da die Emittereffizienz durch die im Vergleich zu PT-IGBT deutlich geringere Dotierung des Rückseitenemitters relativ niedrig ist.

Heliumbestrahlter Typ NPT12H2 (tiefes Profil) Ausgehend von dem in Abbildung 2.14 auf Seite 30 gezeigten Verlauf des Ladungsträgerabbaus während des Abschaltens eines NPT-IGBT's erscheint eine lokale Absenkung der Trägerlebensdauer im Bereich des Ladungsträgerberges als sinnvoll. Diese Überschußträger sind für den Tailstrom verantwortlich, da sie sich in dem nicht mehr von der Raumladungszone erreichten Gebiet im Volumen des IGBT befinden und ausschließlich durch Rekombinationsvorgänge abgebaut werden. Aufgrund der durch die zur Realisierung kleiner Durchlaßverluste

Probe	Typ	Lage pn-Übergang [μm]	Bestrahlung	Energie [MeV]	Dosis [cm^{-2}]
N	n-Si	11.5	-	-	-
P	p-Si	8.5	-	-	-
11E1	n-Si	22	E	1.1	$1 \cdot 10^{14}$
11E2	n-Si	22	E	1.1	$5 \cdot 10^{14}$
11E3	n-Si	22	E	1.1	$1 \cdot 10^{15}$
11H1	n-Si	11.5	He	5.4	$7 \cdot 10^{10}$
11H2	n-Si	11.5	He	5.4	$7 \cdot 10^{11}$
11EH	n-Si	22	E	1.1	$1 \cdot 10^{15}$
			He	5.4	$7 \cdot 10^{11}$
11PE	p-Si	8.5	E	1.1	$1 \cdot 10^{14}$
11PH	p-Si	8.5	He	5.4	$7 \cdot 10^{9}$
11PEH	p-Si	8.5	E	1.1	$1 \cdot 10^{14}$
			He	5.4	$7 \cdot 10^{9}$
45E1	n-Si	22	E	4.5	$1.14 \cdot 10^{14}$
45E2	n-Si	22	E	4.5	$3.4 \cdot 10^{14}$
45E3	n-Si	22	E	4.5	$5.7 \cdot 10^{14}$
45E4	n-Si	22	E	4.5	$7.9 \cdot 10^{14}$
45E5	n-Si	22	E	4.5	$1.02 \cdot 10^{15}$
100E1	n-Si	22	E	10	$3.15 \cdot 10^{13}$
100E2	n-Si	22	E	10	$6.35 \cdot 10^{13}$
100E3	n-Si	22	E	10	$1.1 \cdot 10^{14}$

Tabelle 4.1: Übersicht der Proben mit einer nominalen Sperrspannung von 1.2kV

hoch zu wählenden Trägerlebensdauer ist der Tailstrom vergleichsweise lang anhaltend und verursacht durch die bereits über dem Bauelement liegende Sperrspannung einen großen Anteil der Ausschaltverluste. Eine gezielte Verringerung der Trägerlebensdauer in diesem Bereich sollte eine deutliche Absenkung der Abschaltverluste bewirken, aufgrund der Teilschädigung des Siliziums im Bereich vor dem Störstellenmaximum ist aber mit einer Absenkung der Lebensdauer in diesem Gebiet und damit einem Anstieg der Durchlaßverluste zu rechnen. Von Interesse könnte eine höhere Schaltfrequenz sein, bei denen der IGBT betrieben werden kann. Für diesen Versuch wurde Helium mit einer Energie von 8.6MeV und einer Dosis von $7 \cdot 10^{11} cm^{-2}$ von der Rückseite des IGBT implantiert. Das Maximum des Störstellenprofils wird unter diesen Bedingungen bei einer Tiefe von ca. 60μm erwartet.

Probe	Typ	Lage pn-Übergang [μm]	Bestrahlung	Energie [MeV]	Dosis [cm^{-2}]
E35	n-Si	21	E	10	$6.35 \cdot 10^{13}$
EH35	n-Si	21	E	10	$6.35 \cdot 10^{13}$
			He	5.4	$1.8 \cdot 10^{11}$

Tabelle 4.2: Übersicht der 3.5kV-Diodenproben

Probe	Typ	pn-Übergang (Rückseite) [μm]	Typ	Energie [MeV]	Dosis [cm^{-2}]
NPT12N	n-Si	0.5	-	-	-
NPT12E	n-Si	0.5	E	1.1	$1 \cdot 10^{15}$
NPT12H1	n-Si	0.5	He	0.75	$7 \cdot 10^{11}$
NPT12H2	n-Si	0.5	He	8.6	$7 \cdot 10^{11}$

Tabelle 4.3: Übersicht der 1.2kV NPT-IGBT

4.1.3 Tabellarische Übersicht der Proben

Tabelle 4.1 gibt eine Übersicht über alle gefertigten Diodenproben mit einem Sperrvermögen von 1.2kV. Aufgeführt sind alle wichtigen Angaben zu Art und Parametern der jeweiligen Bestrahlungen sowie der Leitfähigkeitstyp des Grundmaterials und die Lage des pn-Überganges. Tabelle 4.2 führt die entsprechenden Parameter für die Diodensamples mit einem Sperrvermögen von 3.5kV auf. Eine Übersicht der verschiedenen Bestrahlungstypen an NPT-IGBT mit einer Sperrspannung von 1.2kV ist in Tabelle 4.3 zu finden. Alle Proben wurden für eine Stunde bei einer Temperatur größer 330°C ausgeheilt.

4.2 Bestimmung relevanter Zentrenparameter

4.2.1 Charakterisierung des Basismaterials

4.2.1.1 Einleitung

Die Kenntnis der Rekombinationseigenschaften des unbestrahlten Basismaterials ist aus mehreren Gründen unumgänglich. Handelsübliche Siliziumwafer weisen eine durch extrinsische Rekombinationsprozesse begrenzte Lebensdauer der Ladungsträger auf, es lassen sich also tiefe Störstellen innerhalb der Bandlücke lokalisieren. Diese Zentren liegen oft in unmittelbarer Nähe der Bandmitte, so daß sie als effektive Rekombinationszentren wirken auch wenn nur niedrige Konzentrationen im Bereich einiger 10^{10} cm^{-3} vorliegen. Von dieser Grundannahme wird ebenfalls in vielen Simulationstools ausgegangen, da die Standardparameter für die SRH-Rekombination ein auf intrinsi-

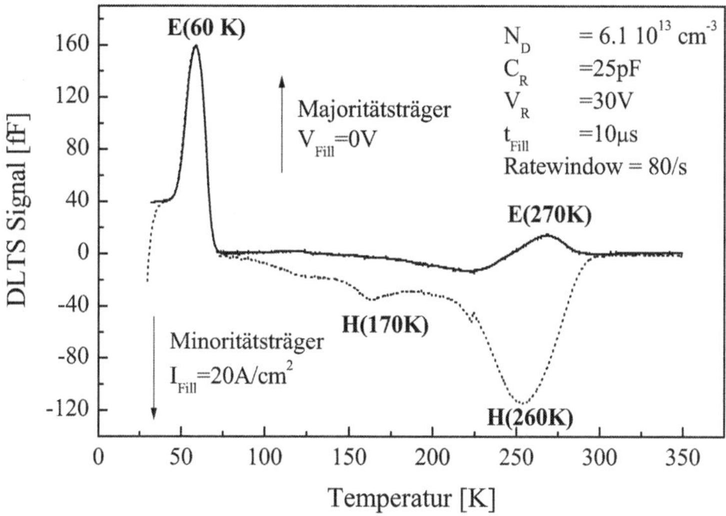

Abbildung 4.5: DLTS-Spektrum der Probe N [142]

schem Niveau liegendes Zentrum beschreiben. Es muß also beachtet werden, daß die Eigenschaften lebensdauereingestellter Bauelemente in der Regel immer durch das Basismaterial beeinflußt werden.

Die Kenntnis der die Grundlebensdauer bestimmenden Rekombinationsparameter und ihrer Temperaturabhängigkeiten bilden daher eine wichtige Voraussetzung, um anschließend die Auswirkungen der strahlungsinduzierten Zentren betrachten zu können.

4.2.1.2 DLTS-Ergebnisse

Für die unbestrahlte Probe N wurden zur Ermittlung der Zentrenparameter auftragsweise DLTS-Messungen an der TU Berlin durchgeführt, die Bestimmung der Einfangquerschnitte erfolgte durch Variation der Füllpulsdauer [141, 142]. Abbildung 4.5 zeigt ein DLTS-Spektrum für diese Probe. Entsprechend der Trapbibliothek der verwendeten DLTS-Software lassen sich die Signale E(270K) und H(170K) dem einfach negativ bzw. einfach positiv ionisierbaren Niveau von Silber sowie das Signal H(260K) interstitiellem Eisen zuordnen. Das Signal E(60K) läßt sich einer in [20] beobachteten Störstelle zuordnen, welche durch einen Sauerstoffkomplex verursacht wird. Diese Störstelle wird ausschließlich nach langen Temperprozessen gefunden, wie sie auch bei der Herstellung der hier untersuchten Proben während der Diffusion des tiefen, rückseitigen nn^+-Überganges eingesetzt werden.

Mit den DLTS-Messungen konnten nicht alle Parameter der gefundenen Zentren bestimmt werden. Der Elektroneneinfangquerschnitt für H(260K) konnte nicht gemessen werden, da auch bei sehr großen Clearpulsweiten bis zu 1s keine Dämpfung des

Signal	N_T $[cm^{-3}]$	E_T $[eV]$	σ_0 $[cm^2]$	E_σ $[meV]$	$c_n\,(300K)$ $[cm^3/s]$	τ_{HL} $[\mu s]$
$E(270K)_{slow}$	$5.7\cdot10^{10}$	0.578	$8.44\cdot10^{-16}$	-41.18	$3.93\cdot10^{-9}$	4460
$E(270K)_{fast}$	$3.0\cdot10^{10}$	0.578	$1.17\cdot10^{-14}$	38.33	$1.18\cdot10^{-6}$	28.2
$H(260K)$ [1]	$7.4\cdot10^{11}$	0.42	$7.08\cdot10^{-18}$	35.96	$5.3\cdot10^{-10}$	2540
$H(170K)$	$7.1\cdot10^{10}$	0.357	$1.48\cdot10^{-15}$	19.51	$7.19\cdot10^{-8}$	196
$E(60K)$	$9.5\cdot10^{11}$	1.003	-	-	-	-

Tabelle 4.4: Mit DLTS bestimmte Störstellenparameter der Probe N [142]

DLTS-Signales zu beobachten war. Ebenso konnte der Löchereinfangquerschnitt des Zentrums H(170K) nicht ermittelt werden [142]. Ursache ist das Recoveryverhalten bei Sperrpolung nach einem angelegten Minoritätsträgerfüllpuls, welcher die Diode in Durchlaßrichtung schaltet, um Elektronen und Löcher in die Basis zu injizieren. Bei hoher Lebensdauer der Ladungsträger sind nach dem Anlegen der Sperrspannung weiterhin Minoritätsträger vorhanden, was letztlich die minimal mögliche Füllpulsdauer bestimmt. Für E(60K) konnte der Elektroneneinfangquerschnitt nicht bestimmt werden, da die Einfangzeitkonstante kleiner als die mit der DLTS-Apparatur minimal meßbaren 10ns ist. Aufgrund der geringen Konzentration und der sehr flachen Lage von E(60K) kann jedoch davon ausgegangen werden, daß dieses Zentrum keinen relevanten Anteil an der Gesamtrekombination hat.

Für die Störstelle E(270K) werden in der Einfangkinetik zwei Anteile gefunden: ein langsamer Anteil in der Größenordnung von $1\mu s$ und ein schneller Anteil in der Größenordnung von 10ns. Das Amplituden- und damit auch das Konzentrationsverhältnis des schnellen Anteils zur Gesamtkonzentration liegt bei 0.35.

Tabelle 4.4 gibt eine Übersicht der gemessenen Größen[1], die Temperaturabhängigkeit der Einfangquerschnitte folgt der Beziehung 3.11 auf Seite 73. Aufgeführt wurde im Weiteren die für die jeweilige Störstelle berechnete Hochinjektionslebensdauer für eine Temperatur von 300K. Aus diesen Werten läßt sich schlußfolgern, daß das dominante Rekombinationszentrum die Störstelle E(270K) ist.

Abbildung 4.6 zeigt das DLTS-Majoritätsträgerspektrum einer unbestrahlten Di-

---

[1] bei H(260K) konnte c_p anstelle von c_n bestimmt werden

Signal	N_T $[cm^{-3}]$	E_T $[eV]$	σ_0 $[cm^2]$	E_σ $[meV]$	$c_p\,(300K)$ $[cm^3/s]$	τ_{HL} $[\mu s]$
$H(175K)$	$8.2\cdot10^{10}$	0.527	$2.77\cdot10^{-16}$	17.83	$1.03\cdot10^{-8}$	1184
$H(220K)$	$1\cdot10^{11}$	0.479	$5.89\cdot10^{-13}$	-42.1	$2.16\cdot10^{-6}$	4.63
$H(235K)$	$1\cdot10^{11}$	0.289	$2.11\cdot10^{-17}$	30.37	$1.28\cdot10^{-9}$	7812

Tabelle 4.5: Mit DLTS bestimmte Störstellenparameter der Probe P [142]

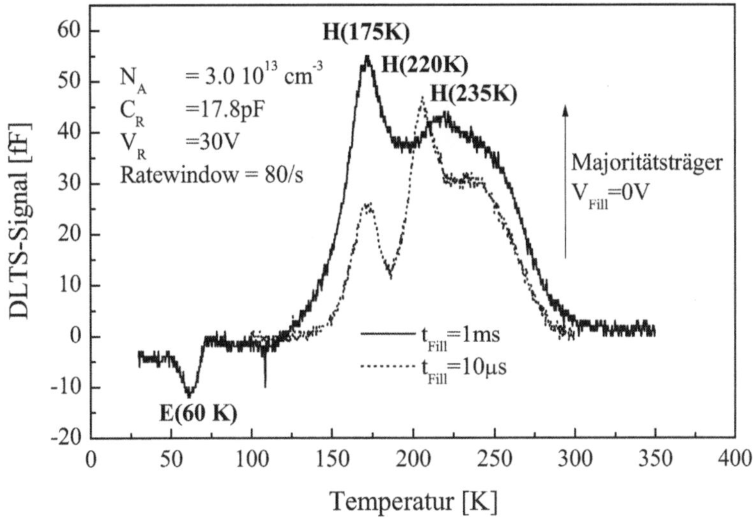

Abbildung 4.6: DLTS-Spektrum der Probe P [142]

ode mit p-Mittelzone in Abhängigkeit der Füllpulsdauer [142]. Hier ist bei einer Füll-pulsdauer von 1ms eine Verfälschung des Spektrums zu beobachten, welche vermutlich durch Oberflächenzustände hervorgerufen wird. Bei einer Füllpulsdauer von 10µs ist eine Änderung des DLTS-Spektrums zu sehen, es lassen sich neben dem auch bei der n-Probe beobachteten Signal E(60K) drei weitere Signale unterscheiden. Bei weiterer Verringerung der Füllpulsdauer wird das Signal H(175K) zunehmend kleiner und ist bei 10ns schließlich nicht mehr vorhanden [142]. Das Signal E(60K) ist wiederum dem bereits bei Probe N vermuteten Sauerstoffkomplex zuordenbar - auch bei Herstellung der p-Probe erfolgt ein langer Diffusionsschritt, welcher zur Bildung dieser Störstelle führt. Von den anderen drei Signalen läßt sich nur H(175K) einer bekannten Störstelle zuordnen. Aktivierungsenergie und der gemessene Einfangquerschnitt stimmen gut mit dem Donatorniveau von Molybdän überein [156]. Für eine Zuordnung von H(220K) und H(235K) konnten keine Angaben in der Literatur gefunden werden.

Tabelle 4.5 gibt eine Übersicht der in Probe P gefundenen Störstellenparameter. Die Lebensdauer in diesen Dioden wird demnach durch H(220K) kontrolliert.

4.2.1.3 Lebensdauermessungen

Da es mit Hilfe der DLTS-Messungen nicht möglich war, beide Einfangkoeffizienten des in Probe N dominierenden Rekombinationszentrums E(270K) zu ermitteln, erfolgte die näherungsweise Bestimmung dieser Parameter mit Hilfe von Lebensdauermessungen. Das Ziel ist, einen vollständigen Parametersatz zur Beschreibung dieser Störstelle für die Simulation zur Verfügung zu stellen.

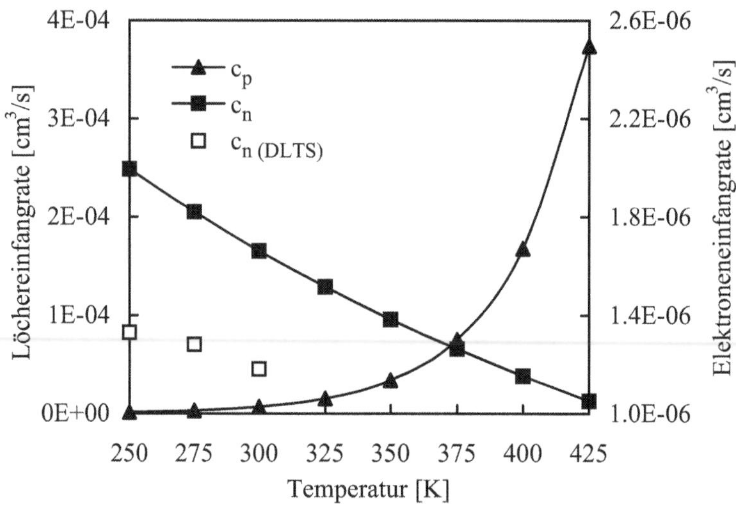

Abbildung 4.7: Einfangraten des Zentrums E(270K)

Die Bestimmung der Einfangraten ist im vorliegenden Fall nur eines wirksamen Rekombinationszentrums vergleichsweise einfach. Die Löchereinfangrate läßt sich nach Messung der Niederinjektionslebensdauer mit Hilfe der Gleichung 3.28 auf Seite 79 berechnen. Beschränkt wird die Gültigkeit der Niederinjektionsnäherung durch das Ansteigen der Eigenleitungsdichte n_i mit der Temperatur. Bei einer Temperatur von ungefähr 400K liegt die Eigenleitungsdichte bereits in der Größenordnung der Grunddotierung. Demnach liegt hier keine Niederinjektion mehr vor, so daß der weitere Verlauf der Temperaturabhängigkeit der Löchereinfangrate aus der bis 375K gefundenen Abhängigkeit extrapoliert werden muß. Die Einfangrate für Elektronen kann aus der Hochinjektionslebensdauer (Gleichung 3.26 auf Seite 79) bestimmt werden. Es zeigt sich, daß die Elektroneneinfangrate nahezu über dem gesamten Temperaturbereich deutlich kleiner ist als die Löchereinfangrate, so daß sich zur Berechnung die nachstehende vereinfachte Beziehung nutzen läßt:

$$c_n = \frac{1}{N_T \, \tau_{HL}} \tag{4.1}$$

Abbildung 4.7 zeigt den Verlauf der aus den Lebensdauermessungen bestimmten Einfangraten für die Störstelle E(270K) über der Temperatur. Ergänzend aufgeführt sind die mit den DLTS-Messungen bestimmten Meßwerte für die Elektroneneinfangrate. Der Vergleich mit der aus der Lebensdauermessung bestimmten Rate für den Elektroneneinfang ergibt eine akzeptable Übereinstimmung im Rahmen der vorhandenen, meßverfahrensbedingten Fehlerlimite.

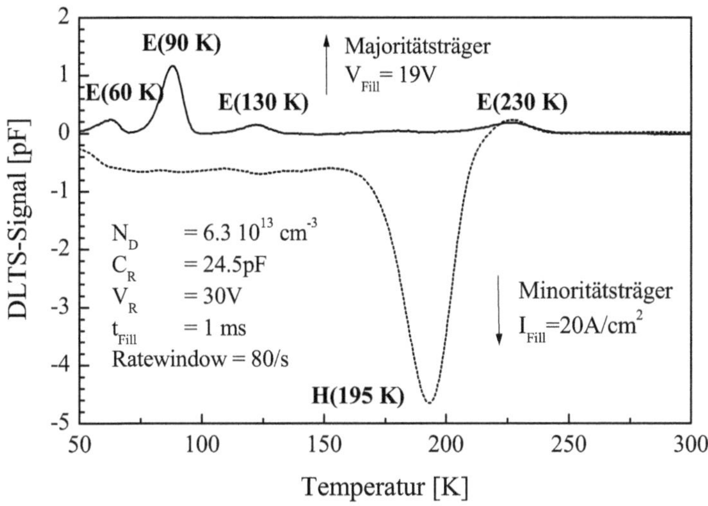

Abbildung 4.8: DLTS-Spektrum der elektronenbestrahlten Probe 100E3

4.2.2 Untersuchungen an elektronenbestrahltem Silizium

4.2.2.1 DLTS-Messungen

Diese DLTS-Messungen verfolgen das Ziel, die Zusammensetzung der Störstellenspezies sowie die erforderlichen Zentrenparameter der für die Rekombinationsvorgänge relevanten Störstellen zu bestimmen. Da die mit Hilfe der DLTS bestimmten Einfangraten aufgrund der z.T. sehr niedrigen Meßtemperaturen nur bedingt für die Bauelementesimulation nutzbar sind, liegt der Schwerpunkt der Messungen auf der Erfassung der energetischen Lage innerhalb der Bandlücke sowie der Bestimmung der Zentrenkonzentration. Aufgrund der Variation der Bestrahlungsparameter ist es möglich, ebenfalls die Abhängigkeit der Störstellendichte von der Dosis als auch der Energie der Elektronen zu erfassen. Ein Teil der Messungen wurde aufgrund des hohen zeitlichen Aufwandes als Auftragsmessung an der TU Berlin durchgeführt [141, 142, 143].

Störstellenlage und Einfangquerschnitte In den mit einer Energie von 4.5 und 10MeV bestrahlten n-Proben sind nach der Ausheilung die strahlungsinduzierten Zentren E(90K), E(130K), E(230K) und H(195K) zu finden. Abbildung 4.8 zeigt stellvertretend das DLTS-Spektrum der Probe 100E3. E(90K) läßt sich dem A-Zentrum, einem Sauerstoff-Vakanz-Komplex, zuordnen, während H(195K) einem Sauerstoff-Kohlenstoff-Vakanzkomplex, dem K-Zentrum, zuzuordnen ist. Die Signale E(130K) und E(230K) sind das zweifach bzw. einfach negativ geladene Niveau des Vakanzkomplexes. Diese Zentren entstehen ebenfalls bei einer Bestrahlung mit Helium (Abbildung 4.14 auf Seite 103). E(130K) kommt aufgrund der relativ flachen energetischen Lage 244meV

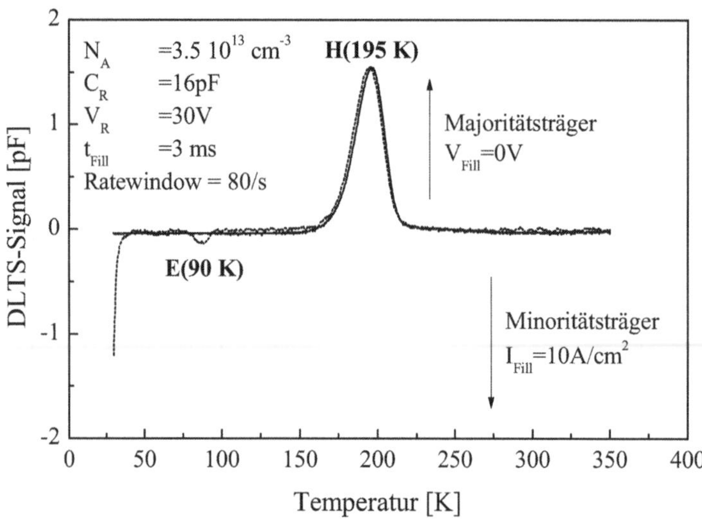

Abbildung 4.9: DLTS-Spektrum der elektronenbestrahlten Probe 11PE [141]

unterhalb der Leitungsbandkante und den durch die Ausheilung bedingten geringen Konzentrationen nicht als Rekombinationszentrum in Frage. Aufgrund der Lage von E(230K) in der Mitte der Bandlücke ist dieses Zentrum ein effektives Generations- und Rekombinationszentrum. Der Elektroneneinfangkoeffizient von E(230K) wurde direkt mit dem DLTS-Verfahren bestimmt, die Löchereinfangrate für dieses Zentrum wurde mit Hilfe von Sperrstrommessungen an den mit 4.5MeV bestrahlten Dioden in Abhängigkeit der Bestrahlungsdosis ermittelt [144].

Das in Abbildung 4.9 dargestellte DLTS-Spektrum der elektronenbestrahlten p-Probe 11PE zeigt, wie auch im Falle der mit 1.1MeV elektronenbestrahlten n-Proben, nur die Störstellen E(90K) und H(195K), die beiden Niveaus des Vakanzkomplexes sind hier bereits ausgeheilt. Für beide Traps wurden die Einfangquerschnitte mit Hilfe der DLTS bestimmt. Die Grenze des Meßverfahrens ist hier durch die Dotierung der Mittelzone sowie das Einschwingverhalten des Füllpulses in der Meßschaltung bestimmt und liegt für Majoritätsträgereinfangquerschnitte in der Größenordnung von 10^{-14}cm^2. Der Löchereinfangquerschnitt des Zentrums E(90K) wurde direkt in der p-Probe 11PE gemessen [142]. Da an der minimalen Zeitgrenze der Apparatur gearbeitet wird, kann der Einfangquerschnitt jedoch größer als hier ermittelt sein. Weiterhin wurden die Entropiefaktoren bestimmt.

Tabelle 4.6 gibt einen Überblick der bestimmten Störstellenparameter. Die Temperaturabhängigkeit der Einfanquerschnitte wird auch hier mit Hilfe der Beziehung 3.11 auf Seite 73 angegeben. Anhand der Parameter zeigt sich, daß H(195K) aufgrund der kleinen Einfangquerschnitte nicht als dominierendes Rekombinationszentrum in Frage

Trap	E_T [eV]	σ_n [cm^2]	$E_{\sigma n}$ [meV]	χ_n	σ_p [cm^2]	$E_{\sigma p}$ [meV]	χ_p
E(90K)	0.951	$7.7 \cdot 10^{-15}$	3.64	0.54	$3.4 \cdot 10^{-14}$	6.15	1.85
E(130K)	0.876	$1 \cdot 10^{-15}$	-64.3	0.98	-	-	-
E(230K)	0.695	$1.5 \cdot 10^{-15}$	22.1	0.38	$1.5 \cdot 10^{-15}$	-22.1	2.63
H(195K)	0.355	$4.3 \cdot 10^{-16}$	-85	0.25	$2.3 \cdot 10^{-16}$	0	3.96

Tabelle 4.6: Übersicht der mit DLTS bestimmten Störstellenparameter

kommt. E(230K) wirkt aufgrund seiner Lage in der Bandlücke und der größeren Einfangquerschnitte als effektives Rekombinationszentrum, ist aber bedingt durch den Ausheilschritt nur noch in geringen Konzentrationen vorhanden (siehe Abschnitt 2.3.2.1). Daher verbleibt E(90K) als dominantes Rekombinationszentrum, allerdings ist aufgrund der relativ flachen Lage des Energieniveaus die Rekombinationsrate und somit auch die resultierende Lebensdauer stark von der vorliegenden Überschußträgerkonzentration abhängig.

Untersuchung der Störstellenkonzentration Die Kenntnis der entstehenden Störstellenkonzentration in Abhängigkeit vor allem von der Bestrahlungsdosis ist von grundlegender Bedeutung für die Bestimmung der Einfangraten aus Lebensdauermessungen. So muß die Elektroneneinfangrate des A-Zentrums E(90K) mit Hilfe von Lebensdauermessungen ermittelt werden, um Kenntnis vom temperaturabhängigen Verlauf dieser Größe bei typischen Arbeitstemperaturen von Halbleitern zu erhalten. Eine einfache Interpolation der Resultate der DLTS-Messung über ein derart großes Temperaturintervall ist nicht möglich.

Aber auch für Simulationszwecke ist die Kenntnis dieses Zusammenhanges wichtig, läßt sich doch bei als bekannt vorauszusetzenden Einfangraten im Vergleich zu DLTS-Messungen unkompliziert die vorliegende Zentrenkonzentration der dominanten Störstelle zumindest näherungsweise mit Lebensdauermessungen bestimmen.

Daher wird die Abhängigkeit der Störstellenkonzentration von der Dosis bei konstanter Energie der Elektronen untersucht. Bisher erfolgte Untersuchungen lassen eine weitgehend lineare Abhängigkeit der erzeugten Zentrenkonzentrationen von der Dosis innerhalb des jeweils untersuchten Bereichs erwarten [144, 167]. Die Zentrenkonzentrationen werden mit DLTS-Messungen bestimmt. Der mögliche Fehler ist bei den mit hohen Dosen bestrahlten Proben vergleichsweise groß, da die Zentrenkonzentration bereits in der Größenordnung der Dotierung liegt, und kann eine Abweichung von bis zu 20% von der tatsächlich vorliegenden Dichte bewirken.

Abbildung 4.10 zeigt die Abhängigkeit der Konzentrationen der Störstellen E(90K) und H(195K) von der Dosis. Unter Berücksichtigung der möglichen Meßfehler läßt sich eine lineare Abhängigkeit von der Energie feststellen. Die Defekterzeugungsrate der K-Zentren H(195K) sinkt bei kleineren Bestrahlungsenergien stärker als die Erzeugungs-

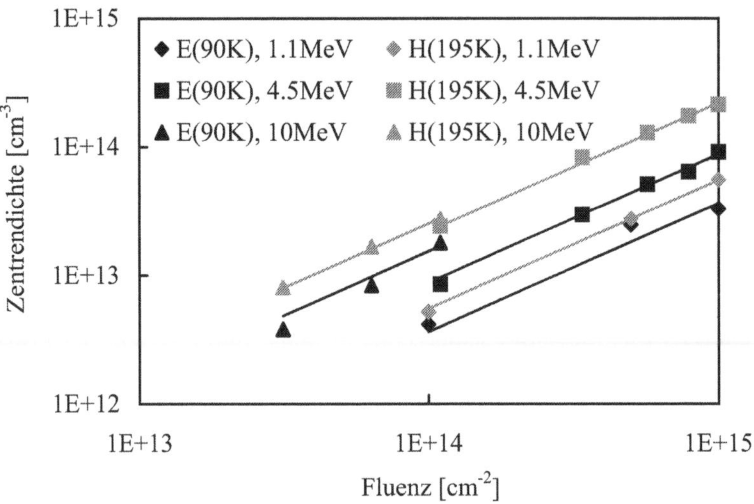

Abbildung 4.10: Dichte von E(90K) und H(195K) in Abhängigkeit der Dosis

rate für die A-Zentren E(90K). Da die K-Zentren in Abhängigkeit von ihrer Dichte bei
tiefen Temperaturen zur Entstehung hochfrequenter Impattoszillationen führen [94], ist
es zur Einstellung der Trägerlebensdauer unter diesem Aspekt demnach vorteilhaft,

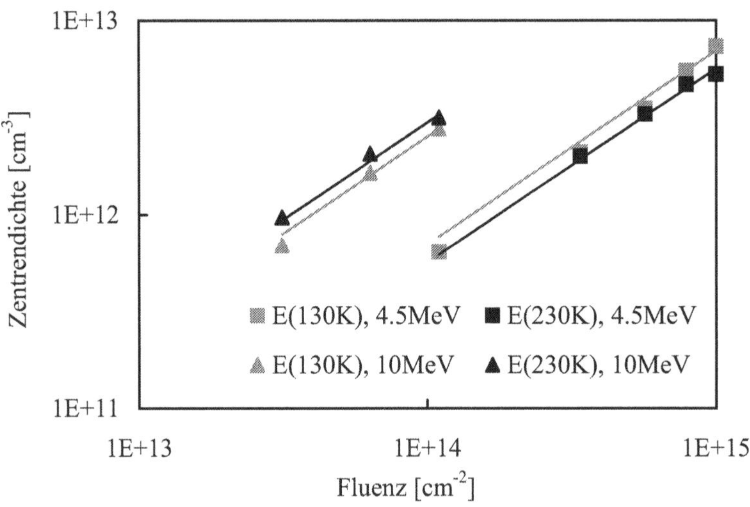

Abbildung 4.11: Dichte von E(130K) und E(230K) in Abhängigkeit der Dosis

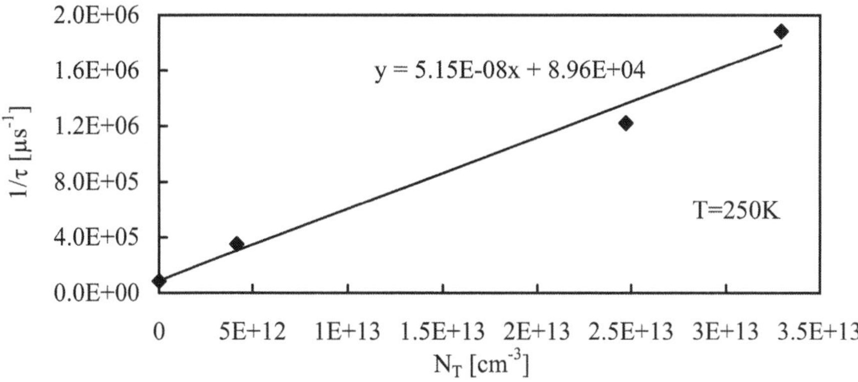

Abbildung 4.12: Auswertung der optischen OCVD-Messung

geringere Bestrahlungsenergien einzusetzen.

Die Konzentration der beiden Vakanzkomplexe E(130K) und E(230K) in Abhängigkeit von der Dosis zeigt Abbildung 4.11. Im Vergleich zu Abbildung 4.10 fallen die deutlich niedrigeren Dichten dieser Störstellen auf. Auch hier ist erwartungsgemäß ein annähernd linearer Zusammenhang zwischen der Zentrenkonzentration und der Elektronenfluenz zu beobachten.

4.2.2.2 Lebensdauermessungen

Die Lebensdauer in den untersuchten elektronenbestrahlten Proben wird nach Ausheilung mit Temperaturen höher als 330°C durch das A-Zentrum E(90K) kontrolliert. Für die Durchführung realistischer Simulationen von bestrahlten Bauelementen ist es somit unumgänglich, dieses Zentrum zu berücksichtigen. Prinzipiell liefert die DLTS-Messung alle benötigten Störstellenparameter. Eine einfache Extrapolation der mit der DLTS gefundenen Temperaturabhängigkeit der Einfangraten von den niedrigen Temperaturen (80-100K), bei denen diese Werte gemessen werden, auf den üblichen Arbeitstemperaturbereich von Leistungsbauelementen (300-400K) ist jedoch nicht möglich [16, 144]. Es kann aufgrund der ermittelten Parameter (Tabelle 4.6 auf Seite 99) aber davon ausgegangen werden, daß die Löchereinfangrate deutlich größer als die Elektroneneinfangrate ist. In diesem Fall wird die Hochinjektionslebensdauer (Gleichung 3.26 auf Seite 79) durch den kleineren Term bestimmt, so daß sich die Möglichkeit ergibt, bei bekannter Zentrenkonzentration die Hochinjektionslebensdauer zu messen und daraus die Einfangrate für Elektronen zu berechnen. Aufgrund der flachen Lage des A-Zentrums sind aber bereits bei Raumtemperatur Überschußträgerdichten im Bereich von $10^{16} cm^{-3}$ erforderlich, um die Bedingungen für das Vorliegen von Hochinjektion zu erfüllen (siehe Kapitel 3.2.2). Aus diesem Grund führen übliche Lebensdauermessungen, z.B. einfache OCVD-Messungen, zu einer scheinbaren Abhängigkeit des Elektroneneinfangs von

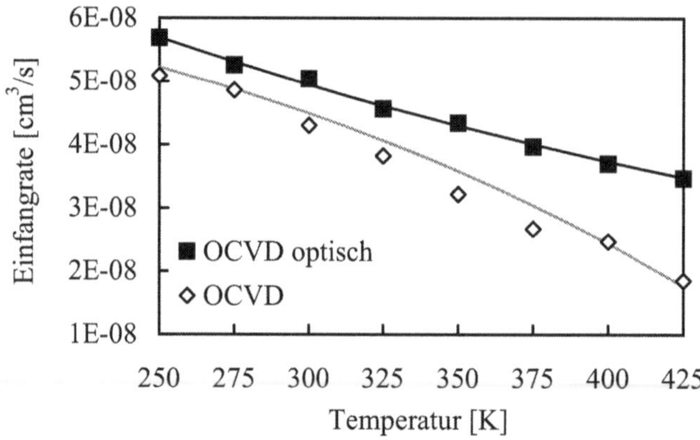

Abbildung 4.13: Verlauf der Elektroneneinfangrate von E(90K)

der Zentrenkonzentration. Um verwertbare Ergebnisse zu erzielen ist es daher unumgänglich, eine ausreichend hohe Zahl an Überschußträgern zu erzeugen. Wie bereits in Kapitel 3.2 ausgeführt, wird bei diesen Messungen ein Laser zur optischen Generation der Ladungsträger eingesetzt.

Darüber hinaus kann anhand der Charakterisierung der unbestrahlten Probe N davon ausgegangen werden, daß die Grundlebensdauer des unbestrahlten Siliziums insbesondere bei den elektronenbestrahlten Proben mit niedrigeren Bestrahlungsdosen die gemessene Hochinjektionslebensdauer beeinflussen wird. Aufgrund der linearen Abhängigkeit der erzeugten Zentrenkonzentration von der Dosis ergibt sich der nachstehende Zusammenhang, wobei τ_0 für die in der unbestrahlten Probe gemessene Hochinjektionslebensdauer steht:

$$\frac{1}{\tau_{HL}} = c_n\, N_T + \frac{1}{\tau_0} \tag{4.2}$$

Eine einfache Möglichkeit der Auswertung bietet die graphische Darstellung der reziproken gemessenen Hochinjektionslebensdauer über der Konzentration der A-Zentren wie in Abbildung 4.12 dargestellt. Die gesuchte Einfangrate ergibt sich aus dem Anstieg der Gerade, während die Schnittstelle mit der Ordinate den Kehrwert der Grundlebensdauer angibt.

Mit Hilfe dieses Verfahrens wurde im Bereich von 250-425K die Einfangrate des A-Zentrums für Elektronen bestimmt, wobei wirkliche Hochinjektion entsprechend Abbildung 3.9 auf Seite 82 nur bis zu einer Temperatur von 375K vorliegt. Die Messungen wurden an je 6 Proben der Typen 11E1-11E3 sowie an je 3 Proben der Typen 100E1-100E3 durchgeführt, wobei nach einer Einschwingzeit von ca. 20min je Temperaturwert über 25 Messungen je Meßpunkt und Probe gemittelt wurde. Die auf diese Weise bestimmte Abhängigkeit ist in Abbildung 4.13 dargestellt. Zum Vergleich ist der mit einer

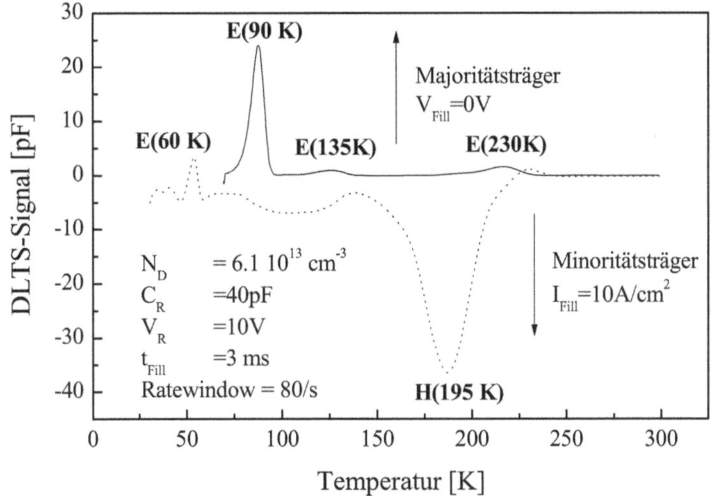

Abbildung 4.14: DLTS-Spektrum der heliumbestrahlten Probe 11H1 [140]

normalen OCVD-Messung unter Berücksichtigung der Grundlebensdauer bestimmte Verlauf gezeigt. Es wird deutlich, daß mit der üblichen OCVD-Messung vor allem bei zunehmender Temperatur ein zu kleiner Wert für die Einfangrate bestimmt wird. Dies führt in der Simulation zu erhöhten Lebensdauern und infolgedessen geringeren Flußspannungen und größeren Speicherladungen im Vergleich zu Meßergebnissen.

Die Elektroneneinfangrate des A-Zentrums E(90K) kann im untersuchten Temperaturintervall von 250K - 375K mit folgender Funktion beschrieben werden:

$$c_n = 1.1505 \cdot 10^{-7} \exp\left(-\frac{T}{355.4\,K}\right)\ cm^{-3}s^{-1} \tag{4.3}$$

Die Extrapolation der Temperaturabhängigkeit der Elektroneneinfangrate von E(90K) auf den Bereich bis 425K mit Hilfe von Gleichung 4.3 führt zu nahezu identischen Ergebnissen verglichen mit den gemessenen Werten in Abbildung 4.13.

4.2.3 Untersuchungen an mit Heliumionen bestrahltem Silizium

Die Bestrahlung mit Heliumkernen wird zur Erzeugung lokaler Lebensdauerprofile eingesetzt. Innerhalb der Reichweite der Heliumionen kommt es zur Entstehung von Störstellen mit einer Zusammensetzung, die stark an die infolge einer Elektronenbestrahlung entstehende Rekombinationszentrenkombination erinnert. Abbildung 4.14 zeigt das DLTS-Spektrum einer heliumbestrahlten n-Diode [140]. Im Unterschied zum Spektrum der mit 1.1MeV elektronenbestrahlten Proben (Abbildung 4.9 auf Seite 98) sind jetzt wie bei den mit höheren Elektronenenergien bestrahlten Dioden (Abbildung 4.8 auf Seite 97) neben E(90K) und H(195K) zwei Signale zu finden, welche den unterschiedlich geladenen Zuständen der Vakanz zuordenbar sind. Untersuchungen an p-Proben, welche ebenfalls einer Heliumbestrahlung unterzogen wurden, führten zu einem praktisch identischen Störstellenspektrum [142].

4.2.4 Übersicht der gemessenen Zentrenparameter

Im Folgenden wird eine Übersicht der gemessenen Parameter (energetische Lage, Einfangraten für Elektronen und Löcher, Entropiefaktoren für Elektronen und Löcher) für die gefundenen Störstellen gegeben. In der Übersicht sind nur die Rekombinationszentren enthalten, welche die Ladungsträgerlebensdauer beeinflußen. Aufgeführt sind die mit Hilfe der DLTS- und Lebensdauermessungen ermittelten Werte, wie sie für die Simulationen in dieser Arbeit eingesetzt werden.

E(90K)

$$E_C - E_T = 0.169 eV$$

$$c_n = 1.15 \cdot 10^{-7} \exp\left(-\frac{T}{355.4K}\right) cm^3 s^{-1} \qquad\qquad \chi_n = 0.54$$

$$c_p = 6.39 \cdot 10^{-7} \sqrt{\frac{T}{300K}} \exp\left(\frac{6.15 \cdot 10^{-3} \, eV \, K}{k_B T}\right) cm^3 s^{-1} \qquad\qquad \chi_p = 1.85$$

E(230K)

$$E_C - E_T = 0.425 eV$$

$$c_n = 3.41 \cdot 10^{-8} \sqrt{\frac{T}{300K}} \exp\left(\frac{22.13 \cdot 10^{-3} \, eV \, K}{k_B T}\right) cm^3 s^{-1} \qquad\qquad \chi_n = 0.38$$

$$c_p = 2.79 \cdot 10^{-8} \sqrt{\frac{T}{300K}} \exp\left(-\frac{22.13 \cdot 10^{-3} \, eV \, K}{k_B T}\right) cm^3 s^{-1} \qquad\qquad \chi_p = 2.63$$

E(270K)

$$E_C - E_T = 0.542 eV$$

$$c_n = 4.98 \cdot 10^{-6} \exp\left(-3.66 \cdot 10^{-3} K^{-1} \, T\right) \qquad\qquad \chi_n = 1$$

$$c_p = 4.58 \cdot 10^{-10} \exp\left(3.2 \cdot 10^{-2} K^{-1} \, T\right) \qquad\qquad \chi_p = 1$$

H(195K)

$$E_T - E_V = 0.355 eV$$

$$c_n = 9.85 \cdot 10^{-9} \sqrt{\tfrac{T}{300K}} \exp\left(-\tfrac{85 \cdot 10^{-3}\, eV\, K}{k_B T}\right) cm^3 s^{-1} \qquad \chi_n = 0.25$$

$$c_p = 4.3 \cdot 10^{-9} \sqrt{\tfrac{T}{300K}}\, cm^3 s^{-1} \qquad \chi_p = 3.96$$

4.3 Bestimmung von Zentrenprofilen

4.3.1 Profilbestimmung mit Hilfe des DLTS-Verfahrens

Auf das Prinzip der Bestimmung von Störstellenprofilen mit Hilfe des DLTS-Verfahrens wurde grundlegend bereits in Abschnitt 3.1.1.3 eingegangen. Das Hauptproblem bei den Profilmessungen liegt in den hohen Zentrenkonzentrationen, welche bei den üblichen, während der Fertigung eingesetzten Heliumdosen (an den Proben 11EH oder 11H2) zu erwarteten Trapdichten im Peak führen, die ca. 2 Größenordnungen über der Grunddotierung liegen. Im Laufe der Untersuchungen hat sich gezeigt, daß auch die Verringerung der Bestrahlungsdosis auf 10% (Probe 11H1) oder 1% (Probe 11PH) noch in zu hohen Störstellendichten im Vergleich zur Grunddotierung resultiert.

Für die Bestimmung der Profile mit DLTS-Messungen konnten dennoch zwei Varianten genutzt werden, auf welche nachfolgend eingegangen werden soll. Eine Möglichkeit bestand in der direkten Messung des K-Zentrenprofils H(195K) mit Hilfe eines Clearpulses unmittelbar nach einem Injektionspuls in der Probe 11H1 (reduzierte Heliumdosis) [135, 140]. Als zweite Möglichkeit wurde die Bestimmung des Profils der Vakanzkomplexe E(230K) genutzt, wobei die Samples einem zusätzlichen Ausheilschritt unterzogen werden mußten.

Diese DLTS-Messungen wurden größtenteils als Auftragsmessungen an der TU Berlin durchgeführt [141, 142, 143] bzw. standen als Ergebnisse eines Vorgängerprojektes zur Verfügung [140].

4.3.1.1 Bestimmung des Profils der K-Zentren H(195K)

Eine direkte Bestimmung des Zentrenprofiles mit Hilfe der üblichen Methode, der Variation der Füllpulsspannung, war aufgrund von Kompensationseffekten infolge der in Höhe der Grunddotierung liegenden Zentrendichten nicht möglich.

Abhilfe bietet hier ein unmittelbar dem Injektionspuls folgender Clearpuls wie in Abbildung 4.15 gezeigt. Während des Injektionspulses wird die Probe in Durchlaßrichtung geschaltet. Dadurch werden Minoritätsträger eingebracht und die K-Zentren (welche donatorischen Charakter haben) mit Löchern besetzt. Der nachfolgende Clearpuls hat negatives Potential und bewirkt daher eine Entladung der K-Zentren innerhalb der von der Clearpulsspannung bestimmten Raumladungszonenweite d_{clear}. Diese Weite läßt

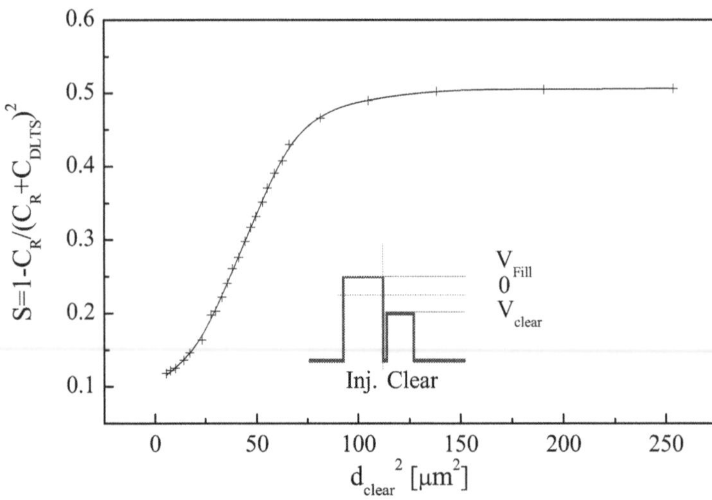

Abbildung 4.15: Abhängigkeit des DLTS-Signals von der Weite der Raumladungszone während des Clearpulses [140]

sich direkt aus der gemessenen Sperrschichtkapazität unmittelbar nach Anlegen des Clearpulses ermitteln [140]. Es ergibt sich für das DLTS-Signal S:

$$S = 1 - \frac{C_R^2}{\left(C_R + C_{DLTS}\right)^2} \qquad (4.4)$$

C_R steht für die Sperrschichtkapazität und C_{DLTS} für die Amplitude des Kapazitätstransienten. Das Zentrenprofil läßt sich aus der Ableitung der Darstellung des DLTS-Signals in Abhängigkeit von der Weite der Raumladungszone während des Clearpulses $S = f\left(d_{clear}^2\right)$ bestimmen:

$$N_T\left(d_{clear}\right) = d_R^2 \frac{dS}{d\,d_{clear}^2} N_D \qquad (4.5)$$

Der auf diese Weise bestimmte Verlauf der K-Zentren H(195K) über der Tiefe, beginnend am pn-Übergang, ist in Abbildung 4.16 gezeigt [140]. Zur Abschätzung der Genauigkeit dieses Verfahrens wurden Simulationsrechnungen durchgeführt, bei denen die Besetzung der Donatorniveaus H(195K) nach dem Clearpuls untersucht wurde. Diese zeigten, daß die Niveaus während des Clearpulses aufgrund des relativ kleinen Elektroneneinfangquerschnittes maximal bis zu 10% entladen werden. Die Ortsunschärfe liegt daher bei einem Clearpuls in Höhe von 0V im Bereich von 1μm. Die gemessenen Konzentrationen der K-Zentren sind demzufolge im Peak mindestens 10% kleiner als die tatsächliche Zentrendichte, während in Richtung des pn-Überganges zu große Werte

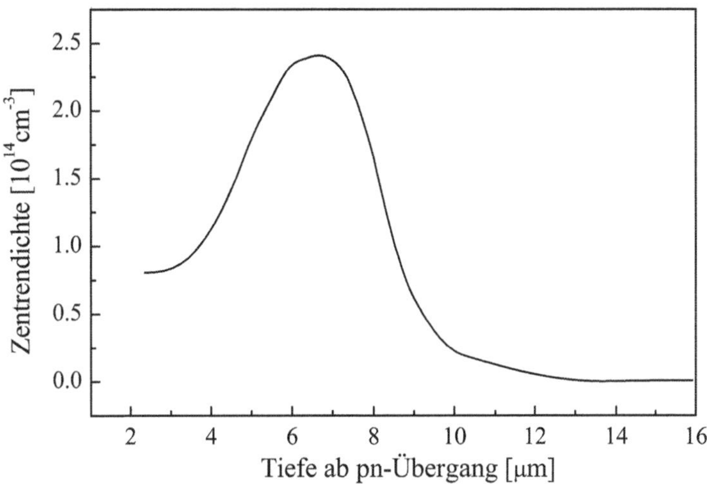

Abbildung 4.16: Verteilung der K-Zentren in der Basis der Diode 11H1 [140]

bestimmt werden. Dies führt zu einem breiteren Profil als tatsächlich vorliegend. Insgesamt muß eingeschätzt werden, daß das derart bestimmte Profil lediglich Aussagen über die Lage des Zentrenmaximums und die zu erwartende Größenordnung der Dichte der K-Zentren zuläßt, aber nur ungefähre Aussagen über den tatsächlichen Profilverlauf erlaubt.

4.3.1.2 Bestimmung des Profils von E(230K)

Als weitere Möglichkeit besteht die Messung des Konzentrationsverlaufes am Rekombinationszentrum E(230K), da dieses Zentrum die geringsten Konzentrationen aufweist. DLTS-Messungen zeigen jedoch, daß sich das Konzentrationsmaximum im Bereich der Grunddotierung befindet und eine Konzentrationsbestimmung aufgrund von Kompensationseffekten nicht möglich ist.

Daher wurden einzelne Proben der Diode 11H1 in Schritten zu 30K für je 30 Minuten ausgeheilt und mit der OCVD-Methode bei einer Flußstromdichte von $5A/cm^2$ die Lebensdauer bestimmt [144]. Abbildung 4.17 zeigt die nach den einzelnen Schritten gemessenen DLTS-Signale sowie die jeweils zugehörige Lebensdauer. Nach der Temperung bei 710K steigt die OCVD-Lebensdauer von $5.2\mu s$ auf $20\mu s$ stark an, gleichzeitig ist ein deutliches Ausheilen der Zentrendichten zu verzeichnen. Die gemessene Lebensdauer ergibt eine mittlere Lebensdauer innerhalb der niedrig dotierten Basis der Diode. Entsprechend kann davon ausgegangen werden, daß diese Lebensdauer annähernd umgekehrt proportional zum Maximum der Störstellenkonzentration ist [160]. Dies ist wichtig, um aus der nun meßbaren Verteilung auf die ursprünglichen Zentrendichten schließen zu können.

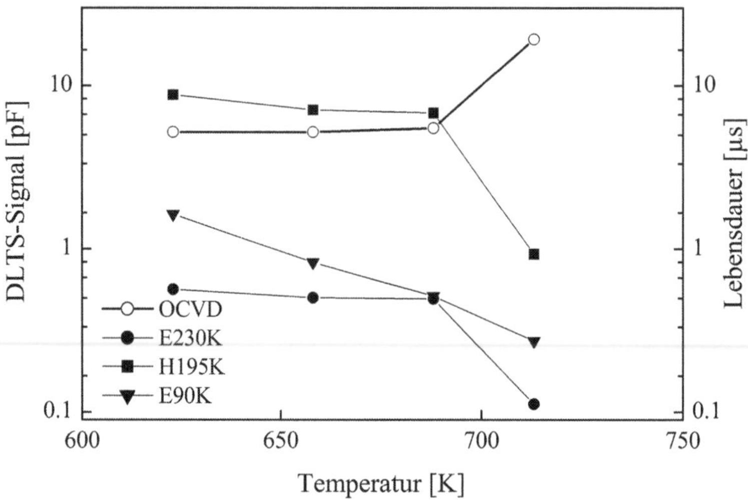

Abbildung 4.17: Ausheilen der DLTS-Signale bei isochroner Temperung der Probe 11H1 [144]

Ein Nachteil dieser Vorgehensweise liegt darin, daß sich aufgrund des Zerfalls der Zentren E(90K) und H(195K) im Bereich des Defektmaximums thermische Donatoren bilden - es handelt sich hier um Komplexe aus Sauerstoffatomen und Silzium auf Zwischengitterplätzen, welche in n-Silizium zu einer Erhöhung der Dotierung führen. Diese Dotierungsanhebung, dargestellt in Abbildung 4.18, ist mit CV-Messungen nachweisbar [142]. Der Anstieg der Dotierungskonzentration auf Werte von bis zu $2 \cdot 10^{14} cm^{-3}$ wirkt sich förderlich auf die Auflösung der DLTS-Messungen aus - ein Maß hierfür ist die Debye-Länge L_D, die minimale Auflösung bei der Profilmessung liegt ungefähr beim Doppelten dieses Wertes [142]:

$$L_D = \sqrt{\frac{2\,\varepsilon_0\,\varepsilon_r\,V_T}{q\,N_D}} \tag{4.6}$$

Von Nachteil ist die jetzt inhomogene Verteilung der Grunddotierung. Dies führt dazu, daß der Übergangsbereich zwischen dem Ort, bis zu dem sich die Raumladungszone ausdehnt, und dem Punkt, an dem sich das Ferminiveau mit dem Trapniveau kreuzt, nicht mehr vernachlässigt werden darf. Eine Veranschaulichung hierfür bietet Abbildung 3.2 auf Seite 70: zum Zeitpunkt t_2 erstreckt sich der Übergangsbereich von x_2 nach d_{sc2}. Die Berücksichtigung dieses inhomogenen Verlaufes resultiert, verglichen mit einer als konstant angenommenen Dotierung, in einem breiteren Profil bei verringerter Peakkonzentration [143]. Abbildung 4.19 auf Seite 110 zeigt den Verlauf der gemessenen Zentrenkonzentration in der getemperten Probe. Ebenfalls aufgeführt ist eine Näherung auf Basis einer einfachen Gaussverteilung, wie sie für die Simulation mit TeSCA nutzbar

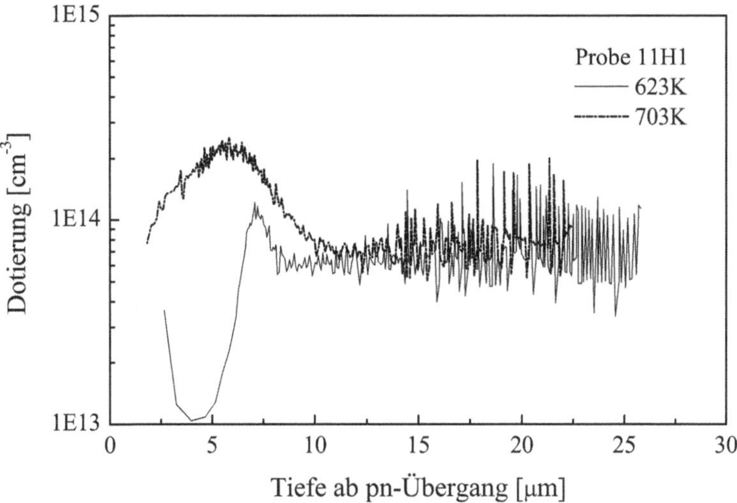

Abbildung 4.18: Anhebung der Dotierung nach der Zentrenausheilung [142]

ist, mit den folgenden Parametern:

$$N_T(y) = N_{T_{max}} \exp\left[-\left(\frac{y - 18\mu m}{1.6\mu m}\right)^2\right] cm^{-3} \tag{4.7}$$

4.3.1.3 Abschätzung der Störstellenpeaks

Peakabschätzung in den Diodenproben Der Vergleich der gemessenen Lebensdauern an der getemperten und ungetemperten Probe 11H1 läßt einen mindestens vierfach höheren Störstellenpeak des Zentrums E(230K) erwarten, als an der ausgeheilten Probe gefunden wird. Eine andere Methode besteht in der Abschätzung des Zentrenkonzentrationsmaximums anhand der gemessenen DLTS-Kapazitäten und Sperrschichtkapazitäten. Die hieraus resultierenden Werte sind in Tabelle 4.7 aufgeführt [142].

Probe	E(230K)	E(90K)	H(195K)
11H1 getempert	$1.2 \cdot 10^{13} cm^{-3}$	$4.4 \cdot 10^{13} cm^{-3}$	$1.1 \cdot 10^{14} cm^{-3}$
11H1	$6 \cdot 10^{13} cm^{-3}$	$4.8 \cdot 10^{14} cm^{-3}$	$6.7 \cdot 10^{14} cm^{-3}$
11H2	$1.3 \cdot 10^{14} cm^{-3}$	$9.2 \cdot 10^{14} cm^{-3}$	$1.5 \cdot 10^{15} cm^{-3}$
11PH	$1.1 \cdot 10^{13} cm^{-3}$	$2 \cdot 10^{14} cm^{-3}$	$2.6 \cdot 10^{14} cm^{-3}$

Tabelle 4.7: Abschätzung der Störstellenmaxima aus den DLTS-Signalen [142]

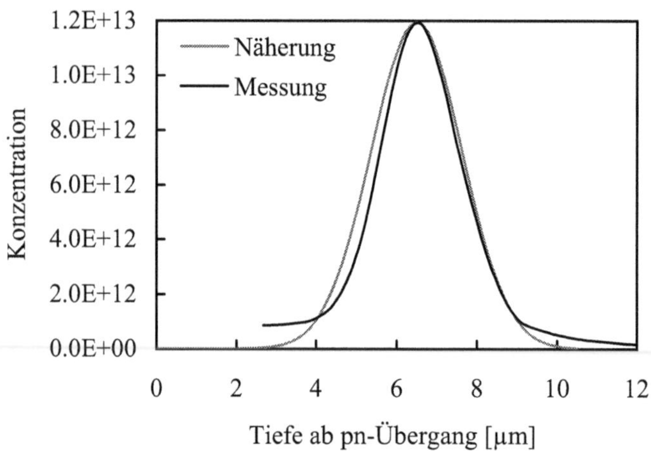

Abbildung 4.19: Zentrenprofil von E(230K) nach Messung am zusätzlich ausgeheilten Sample 11H1 und angepaßte Näherungsfunktion auf Basis einer einfachen Gaußverteilung

Die Genauigkeit dieser Ergebnisse unterliegt den prinzipbedingten Einschränkungen, nicht zuletzt aufgrund der hohen zu bestimmenden Zentrendichten. Für die Abschätzung der Maxima der Störstelle E(230K) sind die DLTS-Kapazitäten, bis auf den Wert der getemperten Probe, den Minoritätsträgerspektren entnommen. Daher beeinflußt das Verhältnis von Elektronen- zu Löchereinfangrate den resultierenden Wert für die Zentrendichte. Bei annähernder Gleichheit der beiden Raten ergibt sich ein doppelt so hoher Wert wie bei stark voneinander abweichenden Raten. Bei hohen Konzentrationen wie im Falle der Probe 11H2 wird die Messung für E(90K) durch die positiv geladenen Donatorterme des K-Zentrums verfälscht, der Kapazitätstransient zu E(90K) wird durch einen negativen Transienten überlagert. Die Konzentration der A-Zentren E(90K) kann aus diesem Grund mehr als 50% höher als in Tabelle 4.7 angegeben sein [142]. Allgemein gilt, daß bei zunehmend hohen Störstellendichten aufgrund der niedrigen Hintergrunddotierung mit steigenden Fehlern zu rechnen ist.

Insbesondere für die Störstellendichten der mit hoher Heliumdosis bestrahlten Probe 11H2 werden daher höhere Werte erwartet als hier mit der DLTS bestimmt wurden. Aufgrund der großen Bestrahlungsdosen ist mit einer Sättigung bei der Bildung von Störstellen zu rechnen (siehe Seite 58), diese sollte aber weniger stark ausfallen, als aus Tabelle 4.7 hervorgeht. Ein Indiz für höhere Zentrenkonzentrationen geben Lebensdauermessungen mit optischer Anregung an den beiden heliumbestrahlten Dioden 11H1 und 11H2. Die Hochinjektionslebensdauer bei einer Temperatur von 300K ist bei 11H1 mit durchschnittlich 4.92µs mehr als dreimal so hoch wie der an 11H2 bestimmte Wert von 1.57µs. Entsprechend den Verhältnissen an der zusätzlich ausgeheilten und originalen Probe 11H1 ist daher mit deutlich höheren Peakkonzentrationen in der mit der

Probe	E(230K)	E(90K)	H(195K)
11H1	$6 \cdot 10^{13} cm^{-3}$	$4.8 \cdot 10^{14} cm^{-3}$	$6.7 \cdot 10^{14} cm^{-3}$
11H2, 11EH	$2.7 \cdot 10^{14} cm^{-3}$	$2.17 \cdot 10^{15} cm^{-3}$	$3.1 \cdot 10^{15} cm^{-3}$
11PH, 11PEH	$6 \cdot 10^{12} cm^{-3}$	$4.8 \cdot 10^{13} cm^{-3}$	$6.7 \cdot 10^{13} cm^{-3}$
EH35	$1.54 \cdot 10^{14} cm^{-3}$	$1.24 \cdot 10^{15} cm^{-3}$	$1.72 \cdot 10^{15} cm^{-3}$

Tabelle 4.8: Abschätzung der Störstellenmaxima nach Berücksichtigung der mittleren gemessenen Lebensdauer für die Devicesimulation

zehnfachen Heliumdosis bestrahlten Diode 11H2 zu rechnen. Für 11H1 wurde anhand der DLTS-Meßwerte eine etwas mehr als doppelt so hohe Zentrendichte ermittelt als nach der OCVD-Messung zu erwarten ist. Die Ursache für diese Abweichung bildet die stark inhomogene Verteilung der Lebensdauer in der Diodenbasis. Eine Übertragung des Verhältnisses von ungefähr 2.1 zwischen der gefundenen Zentrenkonzentration in Probe 11H1 nach DLTS-Messung und der Abschätzung nach der OCVD-Lebensdauer auf die mit der zehnfachen Heliumdosis bestrahlte Probe 11H2 führt zu den in Tabelle 4.8 aufgeführten Strörstellenpeaks für diese Samples. Als Basis für diese Abschätzung wurde die an beiden Proben gemessene Lebensdauer nach optischer Anregung herangezogen.

In Tabelle 4.8 ist ebenfalls eine Abschätzung der Peaks für die heliumbestrahlten p-Dioden sowie für die 3.5kV-Diode EH35 angegeben. Die in dieser Tabelle aufgeführten Werte bilden die Grundlage für die in Kapitel 5 durchgeführten Bauelementesimulationen. Die grafische Darstellung dieser Werte in Abbildung 4.20 zeigt deutlich das Sättigungsverhalten in der Zahl der erzeugten Störstellen bei zunehmender Bestrahlungsdosis.

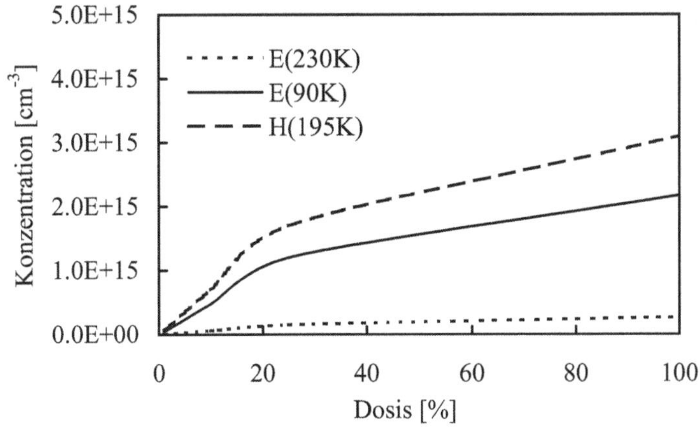

Abbildung 4.20: Peakkonzentration der erzeugten Störstellen in Abhängigkeit von der Bestrahlungsdosis nach Heliumbestrahlung und Ausheilung

Probe	$E_{He^{2+}}$ $[MeV]$	E(230K) $[cm^{-3}]$	E(90K) $[cm^{-3}]$	H(195K) $[cm^{-3}]$	λ $[\mu m]$	y_{max} $[\mu m]$
NPT11H1	0.75	$8.6 \cdot 10^{14}$	$6.9 \cdot 10^{15}$	$9.6 \cdot 10^{15}$	0.5	0.5
11H2	5.4	$2.7 \cdot 10^{14}$	$2.17 \cdot 10^{15}$	$3.1 \cdot 10^{15}$	1.6	18
NPT11H2	8.6	$1.64 \cdot 10^{13}$	$1.3 \cdot 10^{14}$	$1.82 \cdot 10^{14}$	15	60

Tabelle 4.9: Parameterübersicht zur Beschreibung der Störstellenprofile in IGBT's

Peakabschätzung in den IGBT Im Gegensatz zu den Diodenproben ist es im Falle der IGBT's nicht möglich, DLTS- oder Lebensdauermessungen zur Bestimmung der Störstellendichte einzusetzen. Es verbleibt daher nur die Möglichkeit einer groben Abschätzung anhand der Bestrahlungsparameter. Durch die Wahl der gleichen Heliumdosis für die Bestrahlungsversuche an den IGBT wie bei den Proben 11H2 und 11EH wird diese Abschätzung erleichtert.

Die Energie der Heliumionen erlaubt die Bestimmung der Peakposition aus der Reichweite nach [172]. Allerdings kann nicht davon ausgegangen werden, daß die durch den Bestrahlungsvorgang erzeugte integrale Störstellendichte konstant bleibt, vielmehr muß von einer mit höherer Bestrahlungsenergie zunehmenden Erzeugungsrate an Störstellen ausgegangen werden. Weiterhin nimmt die Halbwertsbreite der Zentrenverteilung mit der eingesetzten Bestrahlungsenergie zu. Dies wird also bei niedriger Energie der Heliumionen zu sehr schmalen Verteilungen mit einem hohen Störstellenpeak führen. Mit zunehmender Energie wird das Profil breiter werden und eine kleinere Zentrendichte im Maximum aufweisen, die integrale Gesamtmenge der erzeugten Störstellen einer Spezies wird dabei ansteigen. Diese Überlegungen werden durch verschiedene Arbeiten unterschiedlicher Autoren bestätigt [32, 51, 52, 70].

Für die Simulation der mit Helium bestrahlten IGBT-Typen wurden daher die in Tabelle 4.9 aufgeführten Parameter für die Beschreibung der Rekombinationszentrenprofile verwendet. Zum Vergleich wurden ebenfalls die Parameter für eine Bestrahlung mit einer Energie von 5.4MeV (Proben 11H2 und 11EH) angegeben.

4.3.2 Diskussion alternativer Meßverfahren

4.3.2.1 Sperrstrommessungen

Messungen des Sperrstromes in Abhängigkeit der anliegenden Spannung bieten eine prinzipielle Möglichkeit der Bestimmung von Störstellenprofilen und werden zur einfachen Kontrolle entstehender Verteilungen während der Prozessierung von Leistungsbauelementen eingesetzt [126]. Unter den Voraussetzungen, daß eine der bestrahlungsinduzierten Störstellen die Generationslebensdauer dominiert und im Weiteren der Generationsanteil den Sperrstrom kontrolliert, kann zumindest prinzipiell eine quantitativ zuverlässige Ermittlung des betreffenden Profiles erfolgen. Leider zeigt sich, daß die Genauigkeit dieser Messung durch die verfahrensbedingten Meßfehler zu hoch für eine

Störstellenprofilbestimmung ist. Dies soll anhand der notwendigen Vorgehensweise und der anzuwendenden Beziehungen verdeutlicht werden.

Ausgegangen wird vom Grundintegral zur Berechnung des Sperrstromes unter Vernachlässigung aller Anteile mit Ausnahme des Generationsanteiles:

$$I_R \cong I_G = qA \int_0^{d_{SC}} g(x)\, dx \tag{4.8}$$

Der Sperrstrom ergibt sich in diesem Fall aus der Integration der Generationsrate g über die gesamte Weite der von der anliegenden Sperrspannung V_R abhängigen Raumladungszone. Unter der Voraussetzung nur langsamer Änderung der Sperrspannung kann ein quasistationärer Gleichgewichtszustand zwischen den Generationsraten für Elektronen und Löcher g_n und g_p angenommen werden:

$$g_n = e_n\, f\, N_T = g_p = e_p\, (1 - f)\, N_T \tag{4.9}$$

Die Besetzungswahrscheinlichkeit f ergibt sich in diesem Fall zu:

$$f = \frac{e_p}{e_n + e_p} \tag{4.10}$$

Es ergibt sich für die Gesamtgenerationsrate:

$$G = g_n + g_p = 2\, N_T\, \frac{e_p\, e_n}{e_p + e_n} \tag{4.11}$$

Hierbei ist die Störstellenkonzentration ortsabhängig, damit resultiert aus den Beziehungen 4.8 und 4.11 der folgende Ausdruck:

$$I_R = 2\, q\, A\, \frac{e_p\, e_n}{e_p + e_n} \int_0^{d_{sc}} N_T\, (x)\, dx \tag{4.12}$$

Die Bestimmung der Raumladungszonenweite d_{sc} vereinfacht sich durch die stark asymmetrische Form des pn-Überganges bei pin-Dioden, so daß nur der Anteil auf der n^--Seite zu berücksichtigen ist:

$$d_{sc_n} \cong \sqrt{\frac{2\, \varepsilon_0\, \varepsilon_r\, V_R}{q\, N_D}} \tag{4.13}$$

Die Ableitung von Gleichung 4.12 nach dem Ort ermöglicht schließlich die Bestimmung der Störstellendichte:

$$N_T\, (x) = \frac{1}{2qA} \frac{e_p + e_n}{e_p\, e_n} \frac{dI_R}{dx} \tag{4.14}$$

Zusammen mit der Näherung zur Berechnung der Weite der Raumladungszone läßt sich die Ortsabhängigkeit des Sperrstromes in eine Abhängigkeit von der Sperrspannung überführen. Damit ergibt sich eine Bestimmungsgleichung zur Berechnung der Störstellenkonzentration aus der Sperrcharakteristik:

$$N_T\, (V_R) = \frac{1}{A} \sqrt{\frac{1}{2\, q\, \varepsilon_0\, \varepsilon_r}} \frac{e_p + e_n}{e_p\, e_n} \sqrt{N_D V_R} \frac{dI_R}{dV_R} \tag{4.15}$$

Die Empfindlichkeit des Verfahrens verschlechtert sich also mit steigender Grunddotierung, steigender Sperrspannung (was einer zunehmenden Tiefe der Raumladungszone entspricht), der Höhe des nicht durch das strahlungsinduzierte Zentrum erzeugten
Sperrstromes I_{R0} sowie den minimalen Stromschritt dI_R. Der minimale Stromschritt
ergibt sich direkt aus der maximal realisierbaren Auflösung der Strommessung $\frac{\Delta I}{I}$. Für
die minimal detektierbare Störstellenkonzentration gilt somit:

$$N_{T_{min}} = \frac{1}{A} \sqrt{\frac{1}{2\,q\,\varepsilon_0\,\varepsilon_r}\frac{e_p + e_n}{e_p\,e_n}} \sqrt{N_D V_R} \frac{\frac{\Delta I}{I}\frac{I_{R0}}{A}}{\Delta V_R} \qquad (4.16)$$

Die Genauigkeit des Verfahrens wird wesentlich durch den Term $\frac{e_p + e_n}{e_p\,e_n}$ bestimmt.
Da die Emissionsraten direkt aus den mit DLTS gemessenen Größen Einfangraten und
Energieniveau bestimmt werden, ergibt sich ein Gesamtfehler dieses Terms von ca. einer
Größenordnung [126]. Hinzu kommt die stark exponentielle Abhängigkeit der Emissi-
onsraten von der Temperatur sowie die beschränkte Gültigkeit der Näherung 4.13 für
Störstellenkonzentrationen kleiner der Grunddotierung. Im Falle der in dieser Arbeit
untersuchten Proben macht darüber hinaus der starke Generationstromanteil, welcher
durch das nahezu in der Bandmitte liegende Zentrum E(270K) verursacht wird, einen
Einsatz von Sperrstrommessungen selbst zur näherungsweisen Bestimmung der Störstellenprofile unmöglich.

4.3.2.2 Messungen des Ausbreitungswiderstandes (SR-Messungen)

Spreading-Resistance-Messungen basieren auf der Zweispitzenmessung des Kontaktwi-
derstandes auf einer polierten Siliziumoberfläche. Der Ausbreitungswiderstand für einen
Kontakt mit dem Radius r auf einer Probe mit einem spezifischen Widerstand $\rho(x)$ ergibt sich wie nachstehend [97]:

$$R_{SR} = \lambda \frac{\rho(x)}{4r} \qquad (4.17)$$

Der Korrekturfaktor λ ist durch Eichmessungen zu bestimmen. Sowohl der Spreading-
Resistance-Widerstand R_{SR} als auch der Faktor λ sind abhängig vom Leitungstyp der
Probe, von der kristallographischen Orientierung sowie der Kontakteigenschaften [60].
Die SR-Methode ist keine absolute Methode, sondern basiert auf Vergleichsmessungen.

Mit Hilfe von Messungen des Ausbreitungswiderstandes werden oftmals Dotierungen
bestimmt. Da tiefe Störstellen die Hintergrunddotierung kompensieren, lassen sich SR-
Messungen auch für die Profilmessung einsetzen. Die Widerstandsänderung ist jedoch
nur dann meßbar, wenn sich die Konzentration der erzeugten Störstellen mindestens in
der Größenordnung der Grunddotierung befindet [70]. Es ist praktisch nicht möglich,
die gemessenen Änderungen des Widerstandswertes in Störstellendichten umzurechnen,
da es keine Möglichkeit zur Unterscheidung der Anteile von unterschiedlichen Zentren
gibt. Vorteile des Verfahrens liegen in der hohen Auflösung des Verfahrens und der
Anwendbarkeit über eine weite Tiefe des Bauelementes.

SR-Messungen bieten demzufolge zwar eine Möglichkeit zur Lokalisierung des Defektmaximums und einer Abschätzung des Profilverlaufes, können aber nicht für eine Bestimmung der konkret vorliegenden Konzentrationen benutzt werden.

Kapitel 5

Simulationsergebnisse

5.1 Vorstellung der Simulationsumgebung

5.1.1 Der 2D-Bauelementesimulator TeSCA

5.1.1.1 Grundgleichungssystem

TeSCA ist ein 2D-Bauelementesimulator, welcher am Karl-Weierstraß-Institut für Angewandte Analysis und Stochastik (WIAS) in Berlin entwickelt wurde [38]. Viele der Modelle und Algorithmen werden in engem Kontakt mit den Anwendern eingebaut und weiterentwickelt, wodurch TeSCA ein universell einsetzbares und sehr effizient arbeitendes Tool darstellt.

Der Simulator löst die oftmals auch als 'Drift-Diffusionsnäherung' bezeichneten van Roosbroeck-Gleichungen [154] im zweidimensionalen und zylindersymmetrischen Fall. Das Grundgleichungssystem besteht aus der Poisson-Gleichung 5.1 sowie den Kontinuitätsgleichungen für Elektronen 5.2 und Löcher 5.3, wobei das elektrische Potential φ und die Ladungsträgerdichten n und p in Abhängigkeit vom Ort die gesuchten Größen sind:

$$- \, div \left(\varepsilon \cdot grad \, \varphi \right) = q \left[p - n + N_D^+ - N_A^- \right] \tag{5.1}$$

$$\frac{dn}{dt} - \frac{1}{q} div \, J_n = G - R \tag{5.2}$$

$$\frac{dp}{dt} + \frac{1}{q} div \, J_p = G - R \tag{5.3}$$

Die Stromdichten J_n und J_p berechnen sich wie folgt:

$$J_n = -q \, n \, \mu_n \, grad \left(\varphi_n \right) \tag{5.4}$$

$$J_p = -q \, p \, \mu_p \, grad \left(\varphi_p \right) \tag{5.5}$$

Die zur Bestimmung der Stromdichten benutzten Quasi-Fermipotentiale φ_n und φ_p ergeben sich zu:

$$\varphi_n = \varphi - V_T \ln\left(\frac{n}{n_i}\right) \tag{5.6}$$

$$\varphi_p = \varphi + V_T \ln\left(\frac{p}{n_i}\right) \tag{5.7}$$

Die Eigenleitungsdichte n_i sowie die Beweglichkeiten μ_n und μ_p sind abhängig von Temperatur, Ort und Dotierung, wobei verschiedene Modelle zur Verfügung stehen[1]. TeSCA berücksichtigt folgende Generations- und Rekombinationsanteile:

- Shockley-Read-Hall-Rekombination über Rekombinationszentren in der Bandlücke, wenn erforderlich unter vollständiger Berücksichtigung tiefer Störstellen entsprechend Abschnitt 2.4

- Auger-Rekombination

- optische (strahlende) Rekombination

- Oberflächenrekombination

- Avalanche-Generation

Als Randbedingungen können, abhängig von den vorliegenden Dotierungsverhältnissen, Ohmsche Kontakte bzw. Schottky-Kontakte (Dirichlet'sche Randbedingung) oder Kontakte auf Oxiden (Gatekontakte) ausgewählt werden. Jeder Kontakt kann mit einem Schwingkreis aus Widerstand, Induktivität und Kapazität beschaltet werden. Desweiteren ermöglicht TeSCA Simulationen mit Stromvorgabe.

Die Grundgleichungen werden nach der Finiten Elemente Methode (FEM) auf Basis einer Ortsdiskretisierung auf einem Dreiecksgitter gelöst. Innerhalb des Simulators selbst bestehen nur sehr einfache Möglichkeiten zur Gittererzeugung, so daß auf die Möglichkeit der Eingabe extern erzeugter Gitter über eine ASCII-Schnittstelle zurückgegriffen wurde.

5.1.1.2 Netzwerksimulation mit TeSCA

Für die Berechnung des Schaltverhaltens von IGBT's oder Dioden, z.B. mit dem Ziel der Bestimmung der Schaltverluste, werden üblicherweise Mixed-Mode-Simulatoren eingesetzt. Bei solchen Simulatoren wird der Gleichungssatz der Bauelementesimulation in das Gleichungssystem eines Netzwerksimulators eingekoppelt. Das bedeutet nichts anderes, als das die Eigenschaften der Halbleiter mit Hilfe eines Bauelementesimulators berechnet werden und anschließend das Klemmverhalten dieser Bauelemente in eine Netzwerksimulation beliebiger Komplexität einfließt.

---

[1]Die verwendeten Modelle und ihre Parameter sind in Anhang A dargestellt

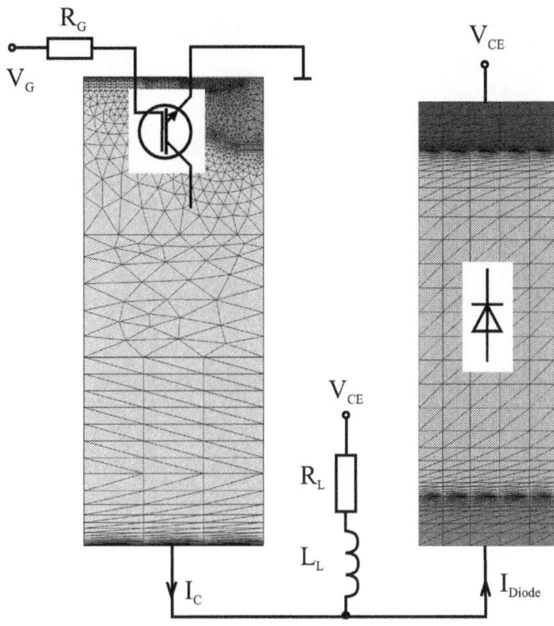

Abbildung 5.1: Netzwerksimulation mit TeSCA

TeSCA selbst erlaubt im Prinzip als reiner Devicesimulator zunächst keine derartigen Simulationen. Durch eine Reihe von Modifikationen am Simulator selbst sowie den zugehörigen Tools wie dem Gittergenerator ist es jedoch möglich, einfache Netzwerksimulationen zu realisieren [113]. Grundprinzip der Quasi-Netzwerksimulation mit TeSCA ist die Aufteilung eines Kontaktes auf Teilkontakte an verschiedenen Teilstücken, welche zu verschiedenen Strukturen gehören können. Dieser Kontakt kann dann über den normal implementierten Reihenschwingkreis mit der äußeren Spannungsquelle verbunden werden, die Ausgabe der Klemmwerte erfolgt jedoch für beide Teilkontakte separat. Abbildung 5.1 zeigt als Beispiel die Umsetzung eines einfachen Kommutierungskreises gegen induktive Last wie er bereits in Abbildung 2.13 auf Seite 29 dargestellt ist. In diesem Beispiel wird die Netzwerkfunktionalität durch das Zusammenschalten des IGBT-Collectors und der Anode der Freilaufdiode hergestellt.

Dem Nachteil der eingeschränkten Mixed-Mode-Funktionalität (es können prinzipbedingt keine beliebigen Netzwerke behandelt werden) steht als Vorteil eine ausgesprochen schnelle Problemlösung durch den Simulator gegenüber - im Unterschied zu einem echten Mixed-Mode-Simulator ist es hier nicht erforderlich, in zwei Teilschritten erst die Lösung der Halbleitergleichungen und anschließend die Lösung der Netzwerkgleichungen zu bestimmen.

Aufgrund der größeren Realitätsnähe werden die Bauelemente als zylindersymme-

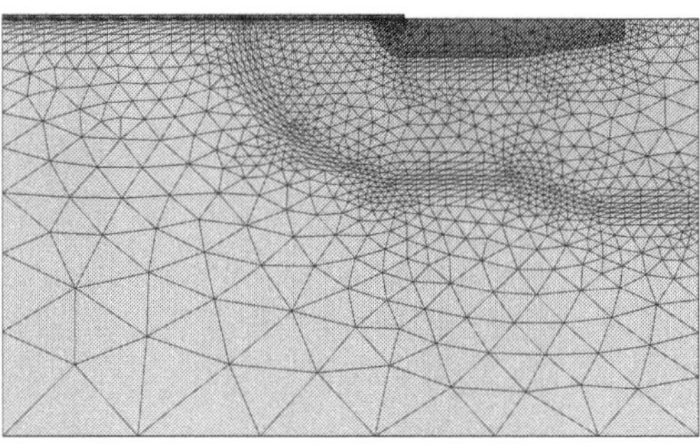

Abbildung 5.2: Gitterausschnitt einer mit TRIGEN erzeugten Triangulierung

trisch mit einer der aktiven Fläche entsprechenden Anzahl von Einzelzellen behandelt. Dies ist vor allem für eine korrekte Beschreibung der Eigenschaften der IGBT-Zellen notwendig.

5.1.2 Programme zur Gittererzeugung und Auswertung

5.1.2.1 Der Gittergenerator TRIGEN

Die Erzeugung der allen Simulationen zugrundeliegenden Triangulierungen erfolgen mit Hilfe des Gittergenerators TRIGEN [37]. Das Programm ermöglicht die Generierung gemischt isotrop/anisotroper Gitter mit ausgesprochen hohen Aspektverhältnissen, wie sie z.B. für die Erzeugung der Dreiecksgitter für die Simulation hochkomplexer und sehr großer Randstrukturen für hochsperrende Halbleiterbauelemente erforderlich sind.

TRIGEN benötigt für die Generierung der Gitter ein Steuerfile, welches die Beschreibung der zu triangulierenden Gebiete mit Hilfe von Punkten, Seiten und Polygonzügen enthält. Es können sowohl Teilpunkte auf den Seiten der Polygone als auch lokale Verfeinerungen vorgegeben werden. Da an Dotierungsschichten und Materialgrenzen quasi 1D- oder anisotropes Lösungsverhalten der Bauelementegleichungen entsteht, muß der aus physikalischen Gründen erforderliche Auflösungsgrad dieser Schichten bekannt sein oder zumindest abgeschätzt werden. Ein Maß für die Punktabstände senkrecht zum pn-Übergang ergibt sich z.B. aus der Debye-Länge der angrenzenden Dotierungsgebiete [113]. Die notwendigen Informationen werden dem Programm dadurch übergeben, indem die Seiten, wo ein in Richtung der Normalen vorzugebender minimaler Gitterpunktabstand l_{min} angestrebt werden soll, markiert werden. Daneben gibt es Möglichkeiten, solche Seiten automatisch z.B. anhand des vorgegebenen Dotierungsprofils zu ermitteln. Desweiteren kann der maximale Gitterabstand l_{max} ebenfalls separat für jedes Teilgebiet vorgegeben werden.

Um den Ladungsträgerverlauf an Materialgrenzen, wie z.B. der Si-SiO$_2$-Grenzfläche, korrekt wiedergeben zu können, benötigt man senkrecht zur Randschicht Knotenabstände, welche deutlich kleiner als l_{min} sind. Diese Regionen sind normalerweise vor der Rechnung bekannt und können als Gateseiten definiert werden, so daß an diesen Seiten sehr fein aufgelöst wird.

Ein großer Vorteil von TRIGEN liegt an den sehr weit entwickelten Algorithmen zur Gitterverfeinerung und der Möglichkeit des Einfügens von anisotropen Gitterelementen. Dies ist z.B an pn-Übergängen sinnvoll, wo in Richtung der Normalen sehr fein aufgelöst werden muß, lateral aber sehr langgestreckte Elemente ausreichen. Durch die so verringerte Knotenanzahl erhöht sich die Rechengeschwindigkeit je nach Bauelement zum Teil drastisch.

Abbildung 5.2 zeigt als Beispiel für ein mit TRIGEN erzeugtes Gitter einen Ausschnitt aus der Oberseite eines planaren IGBT. Gut zu erkennen ist hier die extrem feine Auflösung des Gatekontaktes und die Erzeugung langgestreckter Dreiecke an den Orten der pn-Übergänge.

5.1.2.2 Das Visualisierungstool SIMGRAF

Das Grafikprogramm SIMGRAF wurde im Rahmen der im Fachgebiet Festkörperelektronik an der TU Ilmenau laufenden Arbeiten zur Visualisierung der Ergebnisse von Bauelementesimulationen entwickelt [173].

SIMGRAF besitzt mehrere Schnittstellen, u.a. für TeSCA, und erlaubt folgende Darstellungsweisen:

- 2D/3D-Netzdarstellungen von Isokonzentrationslinien

- beliebige Schnitte mit Möglichkeiten des Datenexports

- Darstellung von Vektorbildern mit freier Skalierbarkeit aller Parameter

- Ausgabe von X, Y und Z-Werten an einzelnen Knoten

- Auslesen und Darstellen beliebiger innerelektronischer Größen für jeden gespeicherten Arbeitspunkt aus dem TeSCA-SAVE-File

- Rückerkennung der Materialzonen und Kontakte aus der Ortsdiskretisierung

Die Bilddaten können im HPGL-Format (Hewlett Packard Graphic Language) gespeichert werden und ermöglich so eine Weiterbearbeitung der Darstellungen in einem beliebigen Grafikprogramm.

5.2 Untersuchungen an Freilaufdioden

5.2.1 Durchlaßverhalten

Das Durchlaßverhalten wurde an allen Proben untersucht. Zuvor mußte jedoch der Einfluß von Serienwiderständen eliminiert werden, wie sie durch die Bonddrähte, den

Proben	Bonddrähte	Fläche [cm^2]	α [Ω/K]	R$_0$ [Ω]
35E, 35EH	12	0.91	$2.78 \cdot 10^{-6}$	$5.7 \cdot 10^{-5}$
45E..	8	0.467	$3.27 \cdot 10^{-6}$	$1.88 \cdot 10^{-4}$
11E.., 11H..,11EH	3	0.06	$5.09 \cdot 10^{-6}$	$3.43 \cdot 10^{-4}$
11P.., 100E..	4	0.06	$1.01 \cdot 10^{-5}$	$1.88 \cdot 10^{-3}$

Tabelle 5.1: Parameter für die Korrektur des aufbaubedingten Serienwiderstandes bei Durchlaßmessungen

Modulaufbau, Übergangswiderstände usw. entstehen. Aufgrund der unterschiedlichen thermischen Abhängigkeit des spezifischen Widerstandes in Metallen und Halbleitern war es erforderlich, diese Widerstandsanteile im gesamten Temperaturbereich von 250K bis 425K zu ermitteln. Anschließend wurden bei allen Messungen die Spannungswerte entsprechend korrigiert:

$$V_{Ist} = V_{Mess} - I_F \left(\alpha T - R_0 \right) \tag{5.8}$$

Tabelle 5.1 gibt eine Übersicht der bestimmten Korrekturwerte für die unterschiedlichen Probensätze. Diese Parameter stellen Mittelwerte dar, die Streuung der einzelnen Meßwerte ist mit teilweise mehr als 30% recht hoch.

Abbildung 5.3 zeigt den Vergleich von Messungen und Simulationen für das Durchlaßverhalten der unbestrahlten Probe N und der mit 1.1MeV elektronenbestrahlten Proben 11E2 und 11E3. Die Darstellung der Kennlinien für 11E1 wurde aus Übersichtlichkeitsgründen weggelassen. Insgesamt ist im gesamten Strombereich, wobei ein Strom von 30A (500A/cm^2) den dreifachen Nennstrom bedeutet, eine gute Übereinstimmung zwischen Simulation und Messungen festzustellen.

Abbildung 5.4 zeigt den Vergleich für die heliumbestrahlten Proben 11H1 und 11H2 sowie die kombiniert elektronen- und heliumbestrahlte Probe 11EH. Für die rein heliumbestrahlten Samples zeigt sich auch hier eine gute Übereinstimmung, während sich bei dem Vergleich der gemessenen und simulierten Kennlinien für die Probe EH im höheren Strombereich Diskrepanzen ergeben.

Abbildung 5.5 zeigt den Vergleich simulierter und gemessener Durchlaßkurven für die mit einer Energie von 4.5MeV bestrahlten Diodenproben. Die Übereinstimmung ist auch hier gut, allerdings zeigen die Verläufe der Kurven für 400K bei Sample 45E4 im höheren Strombereich merkbare Differenzen.

Aus Abbildung 5.7 ist das Durchlaßverhalten der beiden Samples mit einem Sperrvermögen von 3.5kV ersichtlich, es kann eine gute Übereinstimmung festgestellt werden. Der Verlauf der gemessenen und simulierten Abhängigkeiten der Probe 35EH zeigt im Unterschied zu den Verhältnissen an der Diode 11EH kaum Differenzen.

Die Durchlaßcharakteristika der Proben in p-Silizium zeigt Abbildung 5.8. Im Unterschied zu den n-Proben weisen diese Samples ein sehr weites p-Gebiet auf, während die Bestrahlungsdosen aus Gründen der Durchführbarkeit von DLTS-Messungen stark verringert wurden. Daher zeigt die Probe 11PH aufgrund der geringen Heliumdosis ein

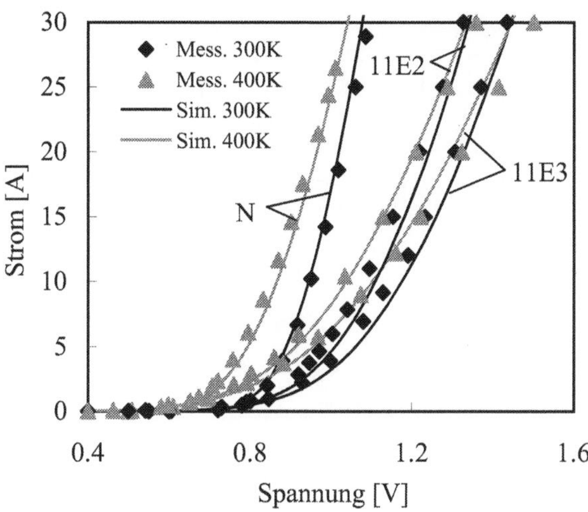

Abbildung 5.3: Durchlaßverhalten der Proben N, 11E2 und 11E3 (A=0.06cm^2)

nahezu identischen Durchlaßverhalten wie Probe P, weswegen auf die Darstellung dieser Kennlinie verzichtet wurde. Die Übereinstimmung von Messung und Simulation ist als gut zu bewerten.

Neben der Durchlaßcharakteristik ist die Kenntnis der Abhängigkeit der Flußspannung bei konstantem Strom von der Temperatur von Bedeutung. Leistungsbauelemen-

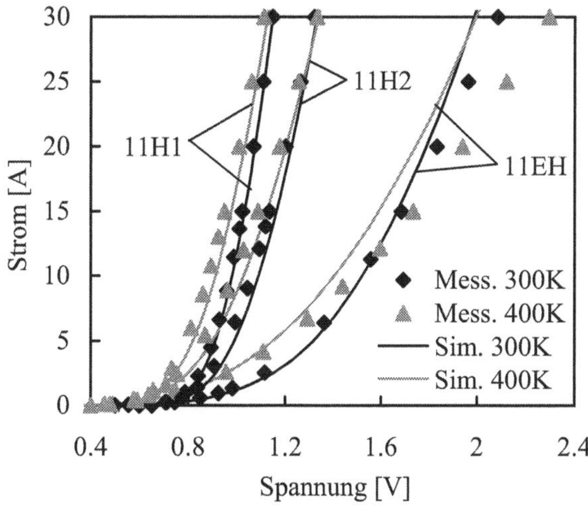

Abbildung 5.4: Durchlaßverhalten der Proben 11H1, 11H2 und 11EH (A=0.06cm^2)

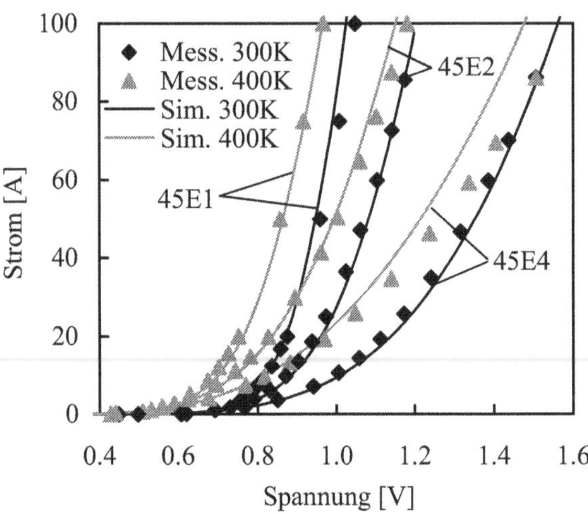

Abbildung 5.5: Durchlaßverhalten der Proben 45E1, 45E2 und 45E4 (A=0.467cm^2)

te werden zur Realisierung höherer Leistungen in Modulen parallel geschaltet. Trotz verschiedenster Maßnahmen zur Symmetrierung kann es aber zu Unterschieden in der Strombelastung der einzelnen Elemente sowie örtlich verschiedenen Temperaturen kommen. Es ist daher von Vorteil, wenn die parallelgeschalteten Leistungsschalter einen

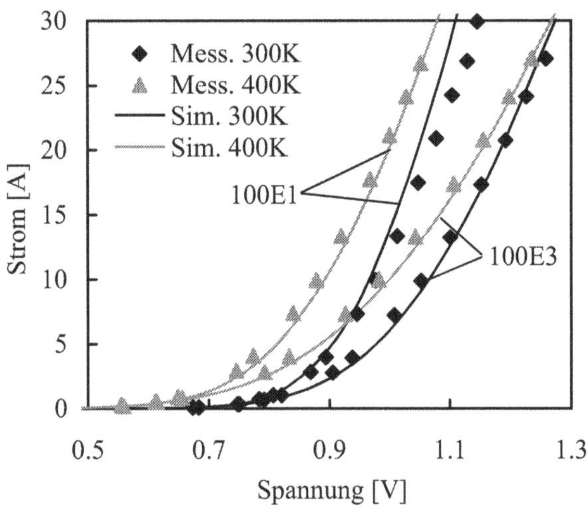

Abbildung 5.6: Durchlaßverhalten der Proben 100E1 und 100E3 (A=0.06cm^2)

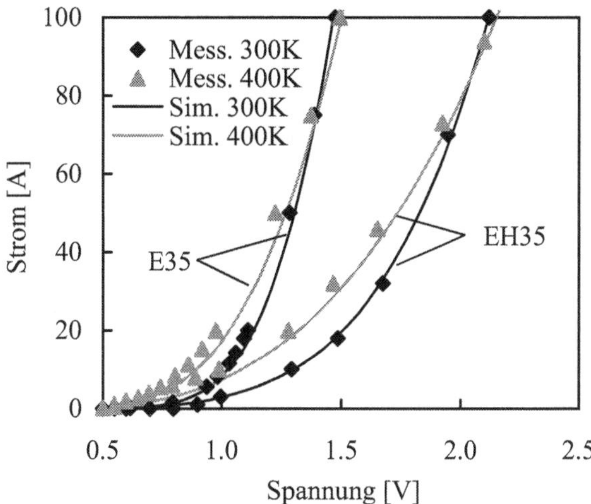

Abbildung 5.7: Durchlaßverhalten der 3.5kV-Dioden E35 und EH35 ($A=0.91\text{cm}^2$)

positiven Temperaturkoeffizienten aufweisen. Das bedeutet, daß die über dem Bauelement bei einem festen Stromwert abfallende Spannung mit zunehmender Temperatur ansteigt. Dies führt bei parallelgeschalteten Elementen letztendlich dazu, daß Schalter mit höherer Strombelastung aufgrund der damit verbundenen steigenden Chiptempe-

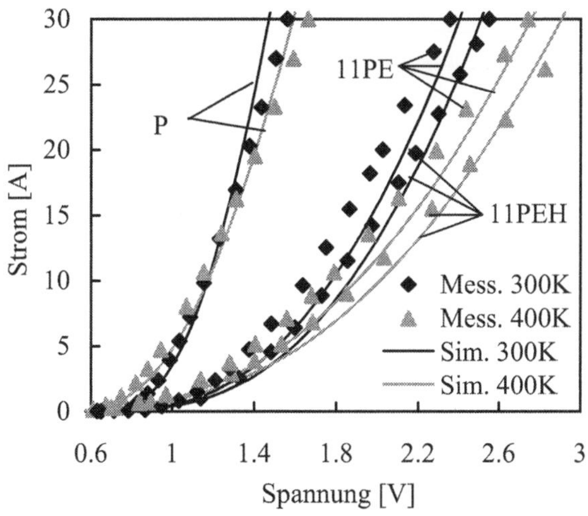

Abbildung 5.8: Durchlaßverhalten der p-Dioden P, 11PE und 11PEH ($A=0.06\text{cm}^2$)

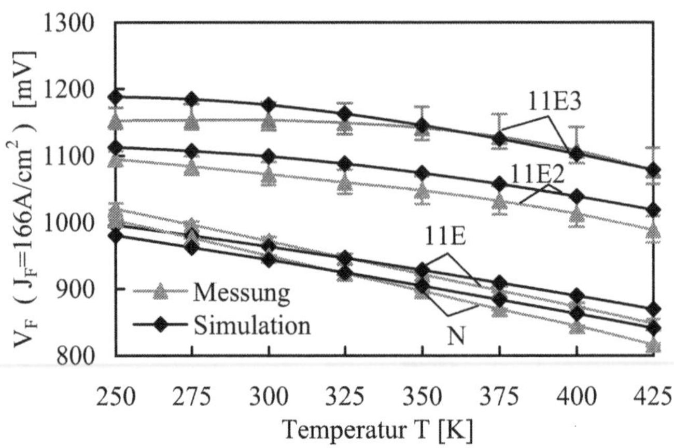

Abbildung 5.9: Temperaturabhängigkeit der Flußspannung bei Nennstromdichte der Proben N und 11E1-11E3

ratur ihren Stromanteil selbstständig vermindern.

Neben den rein praxisorientierten Aussagen lassen sich aber bezüglich der möglichen Genauigkeit der Simulation weitere Schlußfolgerungen treffen. In Zusammenhang mit den gemessenen Zentrenparametern ist hier der Einfluß der generierten Störstellen und deren Temperaturabhängigkeit von Interesse. Vor allem die gemessenen Abhängigkeiten des dominanten Zentrums E(90K) werden sich hier in der Simulation stark bemerkbar

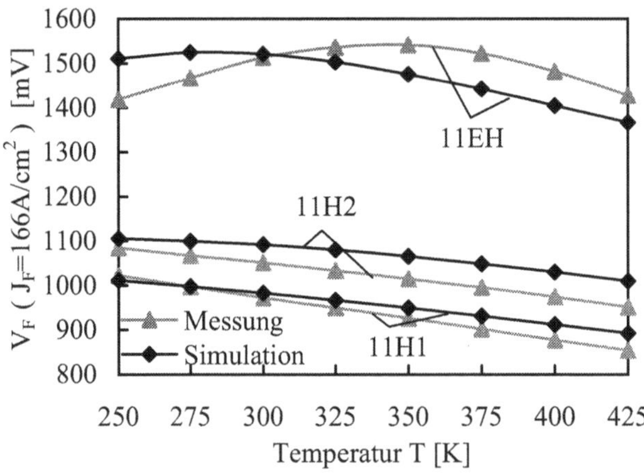

Abbildung 5.10: Temperaturabhängigkeit der Flußspannung bei Nennstromdichte der Proben 11H1, 11H2 und 11EH

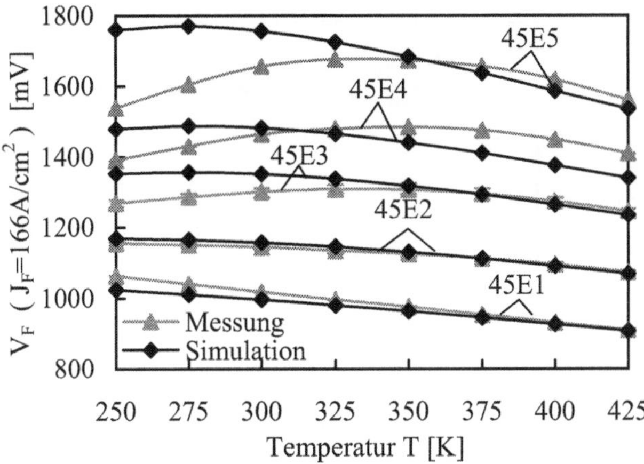

Abbildung 5.11: Temperaturabhängigkeit der Flußspannung bei Nennstromdichte der Proben 45E1-45E5

machen, da in den Bauelementen im Durchlaßfall eine hohe Überschußträgerdichte vorliegt.

Abbildung 5.9 zeigt die gefundenen Abhängigkeiten für die unbestrahlte Probe N sowie die mit 1.1MeV elektronenbestrahlten Samples. Bei Vergleich der Ergebnisse für die unbestrahlte Probe N zeigt sich eine geringfügige Verschiebung in der Neigung der Kurve. Berücksichtigt man jedoch die vielen Einflußgrößen, ist die Übereinstimmung

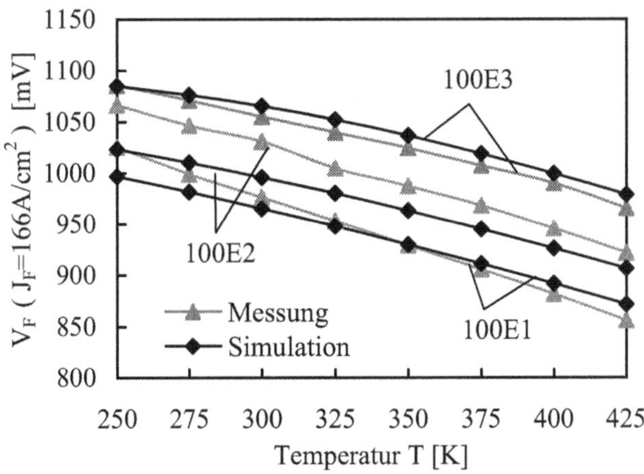

Abbildung 5.12: Temperaturabhängigkeit der Flußspannung bei Nennstromdichte der Proben 100E1-100E3

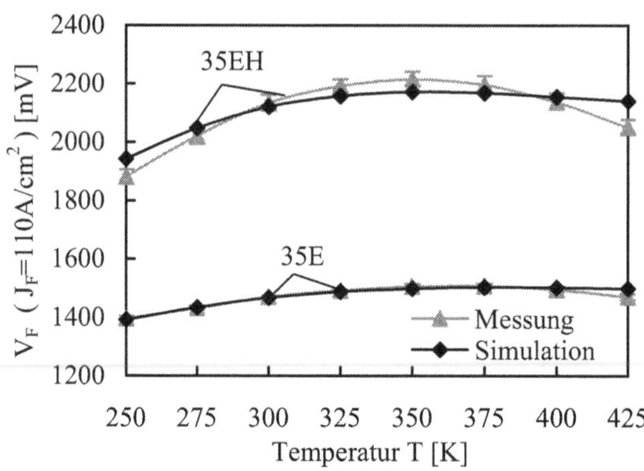

Abbildung 5.13: Temperaturabhängigkeit der Flußspannung bei Nennstromdichte der Proben 35E und 35EH

gut. Anhand der Charakteristiken der elektronenbestrahlten Samples zeigt sich die mit zunehmder Störstellendichte immer stärkere Veränderung in der Temperaturabhängigkeit, welche auf den Einfluß der induzierten Rekombinationzentren zurückzuführen ist.

Auch bei den Messungen und Simulationen für die mit anderen Elektronenenergien sowie für die unterschiedlichen mit Helium bestrahlten Proben wird eine gute Übereinstimmung gefunden (Abbildungen 5.10 bis 5.13).

5.2.2 Schaltverhalten

Ein Ziel der Optimierung von Freilaufdioden ist das sanfte Abklingen des Rückstromes bei möglichst kleinen Ausschaltverlusten. Vor allem der Wunsch nach Realisierung eines soften Recovery-Verhaltens auch bei Stromdichten kleiner Nennstrom ist eine Grundmotivation bei der Weiterentwicklung von schnellen Freilaufdioden.

Das Reverse-Recovery-Verhalten wurde an allen 1200V-Dioden mit Ausnahme der mit 4.5MeV elektronenbestrahlten Samples, von denen nur eine geringe Anzahl an Proben zur Verfügung stand, unter wechselnden Bedingungen untersucht und simuliert. Im Folgenden sollen zunächst beispielhaft einige gemessene Spannungs- und Stromverläufe mit den simulierten Kurven verglichen werden. Abbildung 5.14 zeigt die gemessenen und simulierten Schaltverläufe unter praxisüblichen Bedingungen an Sample 11E3. Die hier festzustellende sehr gute Übereinstimmung läßt sich ähnlich an allen elektronenbestrahlten Proben finden.

Das Reverse-Recovery-Verhalten der nur heliumbestrahlten Probe 11H1 zeigt Abbildung 5.15. Die Simulation gibt das Verhalten des Bauelementes richtig wieder, insbesondere ist das Plateau während des Abklingens des Rückstromes deutlich zu sehen.

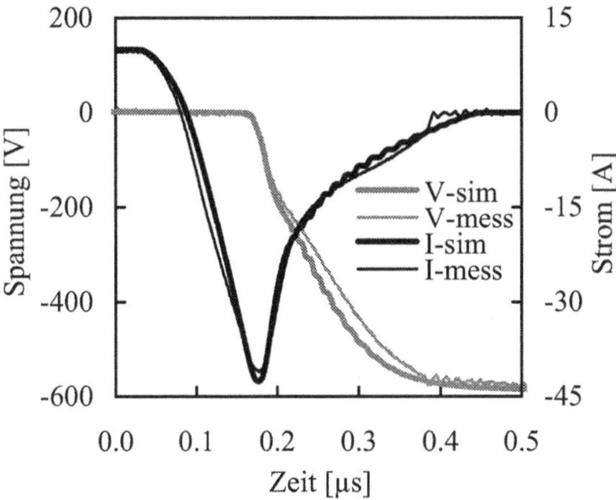

Abbildung 5.14: Ausschaltvorgang an Probe 11E3 (V_R=600V, I_F=10A, T=400K, di/dt=-500A/μs)

Im Vergleich zur elektronenbestrahlten Probe sind jedoch größere Differenzen fest-zustellen, der Rückstrom klingt zeitiger ab und die im Bauelement gespeicherte Ladung ist in der Simulation offensichtlich geringer als im realen Bauteil. Die Unsicherheiten bei der Bestimmung des Zentrenprofiles wirken sich hier stärker aus als bei der Betrachtung

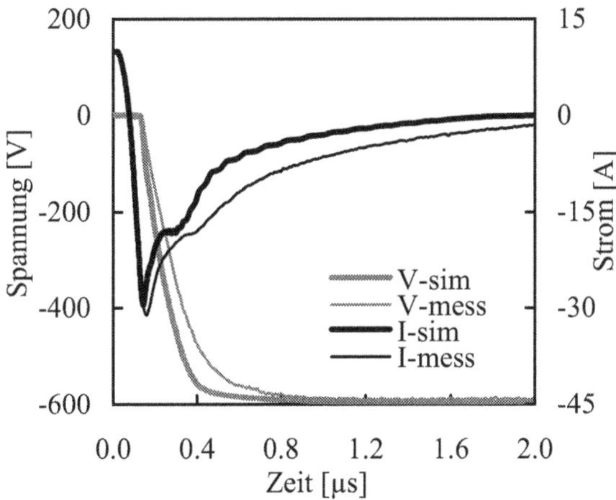

Abbildung 5.15: Ausschaltvorgang an Probe 11H1 (V_R=600V, I_F=10A, T=400K, di/dt=-500A/μs)

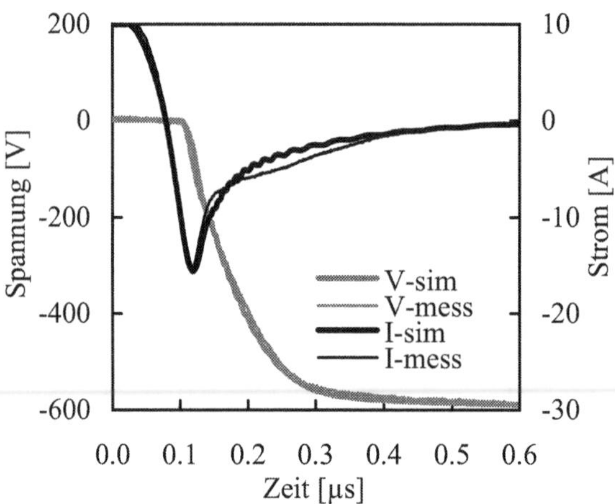

Abbildung 5.16: Ausschaltvorgang an Probe 11EH (V_R=600V, I_F=10A, T=400K, di/dt=-500A/μs)

des stationären Durchlaßverhaltens.

Auch der Vergleich zwischen Messung und Simulation des Abschaltens an Sample 11EH in Abbildung 5.16 zeigt Unterschiede insbesondere während des Abklingens des Rückstromes nach Durchlaufen des Maximums. Ähnliches gilt für den Vergleich des Reverse-Recovery-Verhaltens der 3.5kV-Diode EH35, welches in Abbildung 5.17 darge-

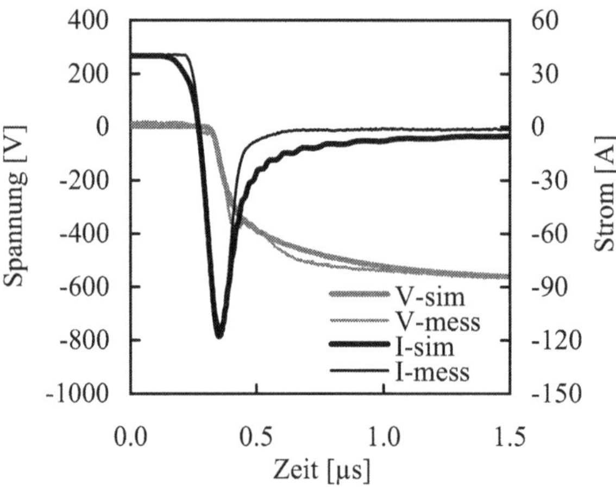

Abbildung 5.17: Ausschaltvorgang an Probe EH35 (V_R=600V, I_F=40A, T=400K, di/dt=-2200A/μs)

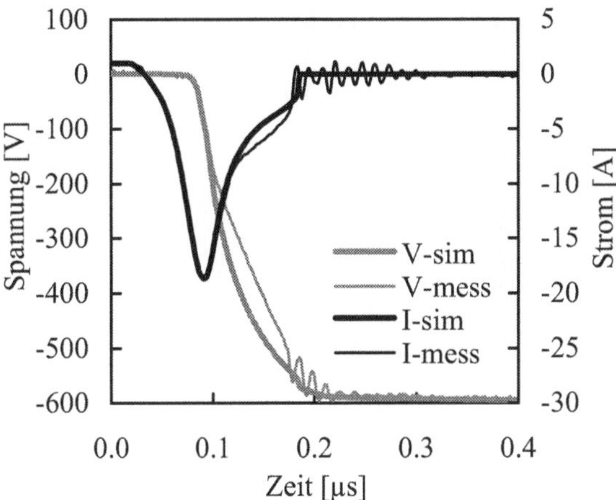

Abbildung 5.18: Ausschaltvorgang an Probe 11E3 (V$_R$=600V, I$_F$=1A, T=400K, di/dt=-500A/μs)

stellt ist. Insgesamt gesehen kann aber davon ausgegangen werden, daß die durch die Lebensdauereinstellung vorgenommenen Änderungen im Bauelementeverhalten weitestgehend richtig wiedergegeben werden.

Dies zeigt sich auch in Abbildung 5.18 - hier wird die Diode 11E3 bei 10% des Nennstromes abgeschaltet, wodurch es zum Abreißen des Rückstromes kommt. Der

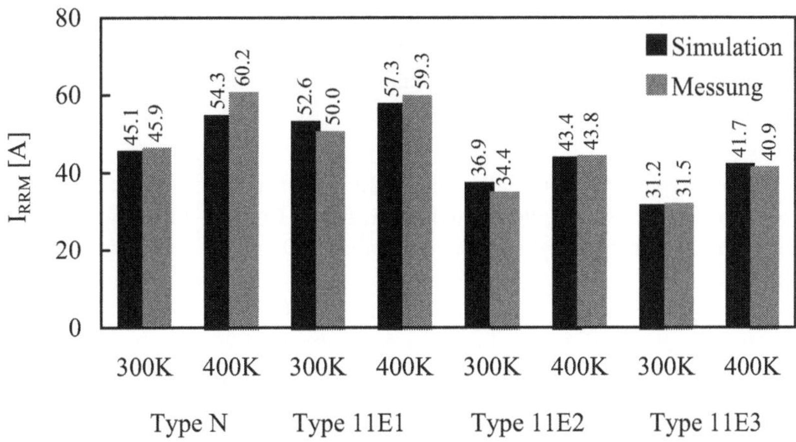

Abbildung 5.19: Rückstromspitze während des Abschaltens der Proben N, 11E1, 11E2 und 11E3 (V$_R$=250V, I$_F$=10A, di/dt=-500A/μs)

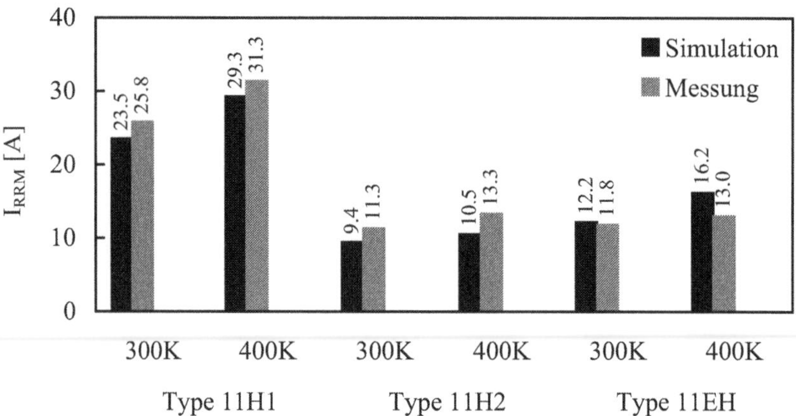

Abbildung 5.20: Rückstromspitze während des Abschaltens der Proben 11H1, 11H2 und 11EH (V_R=250V, I_F=10A, di/dt=-500A/μs)

Abriß wird in der Simulation korrekt gefunden, allerdings treten aufgrund in der Simulation nicht vorhandener parasitärer Induktivitäten keine Schwingungen im Strom- und Spannungsverlauf wie in der Messung auf.

Ein weiteres Kriterium für die Beurteilung der Korrektheit der Simulationen stellt der Vergleich des Rückstromspitzenmaximums I_{RRM} dar. Im Unterschied zur Speicherladung, welche nur eine schwache Abhängigkeit von der Kommutierungsgeschwindigkeit des Stromes di/dt zeigt, hängt dieser Wert neben Flußstrom, Rückwärtsspannung und Temperatur sehr stark vom gewählten di/dt ab.

Abbildung 5.19 zeigt den Vergleich für Temperaturen von 300K und 400K für die unbestrahlte Probe N und die elektronenbestrahlten Proben 11E1 bis 11E3. Die gefundene Übereinstimmung ist sehr zufriedenstellend. Dagegen weist, wie schon bei den beispielhaft dargestellten Rückstromverläufen, der Vergleich der Rückstromspitze an den heliumbestrahlten Samples 11H1, 11H2 und 11EH in Abbildung 5.20 einige Differenzen auf. Obwohl sich die Abweichung noch in akzeptablen Grenzen hält, kann dies bei der Bauelementeoptimierung mit Hilfe der Devicesimulation zu Irritationen führen. Abbildung 5.21 zeigt schließlich die Verhältnisse an den mit 10MeV elektronenbestrahlten Proben. Simulation und Messung zeigen im Vergleich zu den mit einer niedrigeren Elektronenenergie bestrahlten Proben etwas höhere Unterschiede, die Abhängigkeit der Rückstromspitze von der eingesetzten Bestrahlungsdosis wird jedoch korrekt wiedergegeben.

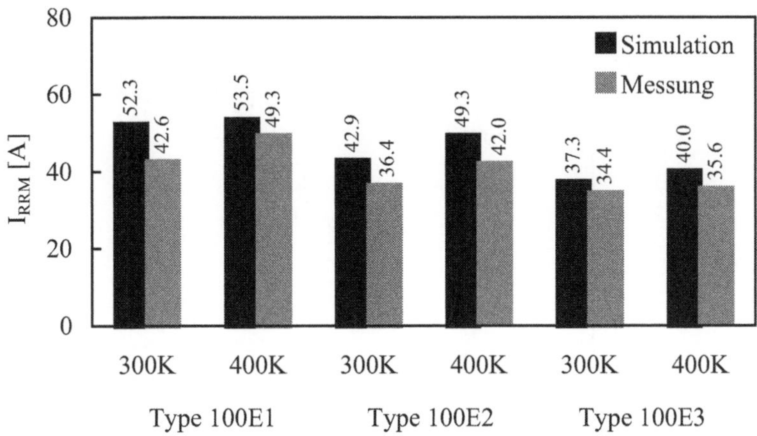

Abbildung 5.21: Rückstromspitze während des Abschaltens der Proben 100E1-100E3 (V_R=250V, I_F=10A, di/dt=-500A/μs)

5.3 Untersuchungen an IGBT's

5.3.1 Durchlaßverhalten

Für alle der vier unterschiedlichen IGBT-Typen wurden die Transfer- und Ausgangskennlinien gemessen und mit Simulationsergebnissen verglichen. Im Gegensatz zu den Diodenproben, welche größtenteils aus laufenden Produktionsserien entnommen wurden und die somit nur eine geringe Streuung aufweisen, handelt es sich bei den IGBT-Chips um Testfelder. Aufgrund der nicht vollständig optimierten bzw. eingefahrenen Technologie liegt eine geringe Ausbeute vor. Darüber hinaus streuen die Parameter der funktionsfähigen Bauelemente in weitaus höheren Maße als im Falle der verschiedenen Diodensamples. Die Größe der Parameterstreuung läßt sich aus den für die Stromwerte in den Transferkennlinien jeweils angegebenen Fehlerschranken ermessen.

Analog der Vorgehensweise bei den Messungen an Freilaufdioden wurde auch hier der Einfluß von Serienwiderständen, verursacht z.B. durch die Bonddrähte, ermittelt und analog Gleichung 5.8 auf Seite 122 eliminiert:

$$V_{Ist} = V_{Mess} - I_F \left(1.472 \cdot 10^{-5} \frac{\Omega}{K} T - 1.349 \cdot 10^{-3} \Omega \right) \tag{5.9}$$

Für den Vergleich zwischen Messung und Simulation wurden die Transferkennlinien bei einer Collector-Emitterspannung von $V_{CE} = 5V$ bestimmt, da die Bauelemente unter dieser Bedingung schon früh in Sättigung gehen. Anhand dieser Vergleichsergebnisse kann die Qualität der durch den Simulator bestimmten Verläufe besser eingeschätzt werden.

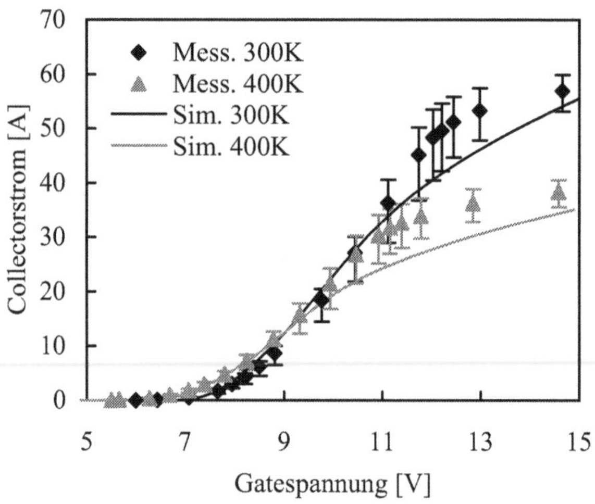

Abbildung 5.22: Transferkennlinien des unbestrahlten IGBT NPT12N ($V_{CE} = 5V$)

Für alle Simulationen werden aufgrund des gleichen eingesetzten n-Grundmaterials identische Simulationsparameter wie im Falle der Dioden verwendet (siehe Anhang A). Abbildung 5.22 zeigt zunächst die Transferkennlinienverläufe für den unbestrahlten

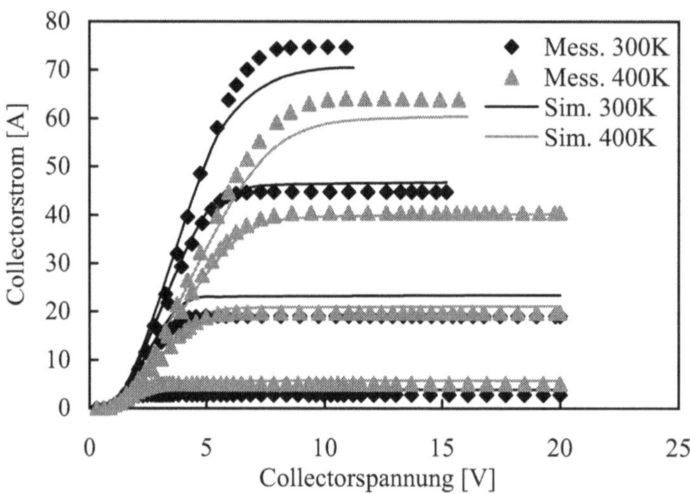

Abbildung 5.23: Ausgangskennlinienfeld des unbestrahlten IGBT NPT12N ($V_G = 8V..10V..12V..14V$)

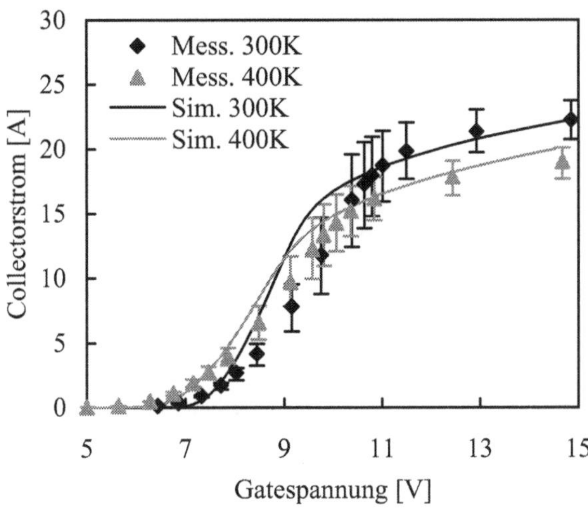

Abbildung 5.24: Transferkennlinien des elektronenbestrahlten IGBT NPT12E ($V_{CE} = 5V$)

Typ NPT12N. Das Sättigungsverhalten wird in der Simulation weniger ausgeprägt wiedergegeben, als es die Messungen zeigen. Der Vergleich der gemessenen und simulierten Ausgangskennlinien in Abbildung 5.23 zeigt eine zufriedenstellende Übereinstimmung. Die Verläufe für den elektronenbestrahlten Typ zeigen die Abbildungen 5.24 und 5.25. Es zeigt sich deutlich die Erhöhung der Flußspannung durch die homogene Reduzierung der Trägerlebensdauer im Bauelement. Beim Vergleich der gemessenen und simulierten Ausgangskennlinien ist festzustellen, daß das Sättigungsstromniveau in der Simulation zu hoch bestimmt wird. Die Abbildungen 5.26 und 5.27 zeigen die Verläufe für den Typ NPT12H1 mit lokaler Lebensdauerabsenkung am Rückseitenemitter. Im Unterschied zum unbestrahlten Typ liegt ein verringertes Injektionsvermögen des Rückseitenemitters vor, das Sättigungsstromniveau ist geringer.

Die Simulation zeigt im Vergleich zur Messung der Ausgangskennlinien erneut höhere Sättigungsströme. Die Abbildungen 5.28 und 5.29 zeigen schließlich die Verläufe für den Typ NPT12H2 mit einer Absenkung der Lebensdauer tief im n^-- Driftgebiet des IGBT.

Erwartungsgemäß ist ein starkes Ansteigen der Flußspannung ähnlich wie im Falle des elektronenbestrahlten Typs zu verzeichnen. Während die Übereinstimmung von Simulation und Messung für eine Temperatur von 300K akzeptabel ist, zeigen sich in den Verläufen für 400K deutliche Differenzen, welche in dieser Höhe bei den anderen drei Typen nicht gefunden werden.

Insgesamt betrachtet geben die Simulationen die an den Bauelementen gemessenen Veränderungen in Abhängigkeit der gewählten Lebensdauereinstellung jedoch richtig

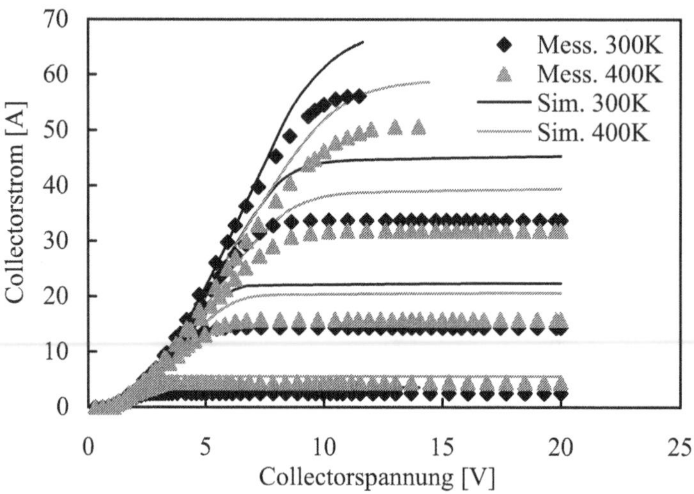

Abbildung 5.25: Ausgangskennlinienfeld des elektronenbestrahlten IGBT NPT12E ($V_G = 8V..10V..12V..14V$)

wieder. Im Fall der dargestellten Transferkennlinienverläufe finden sich die simulierten Verläufe bis auf eine Ausnahme im gemessenen Toleranzbereich der Bauelemente. Bei

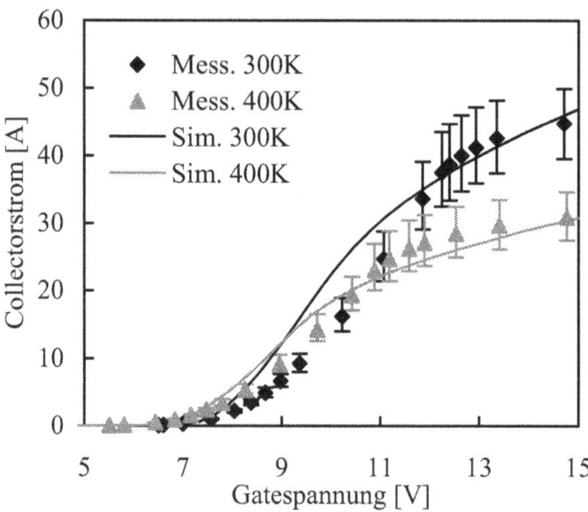

Abbildung 5.26: Transferkennlinien des flach heliumbestrahlten IGBT NPT12H1 ($V_{CE} = 5V$)

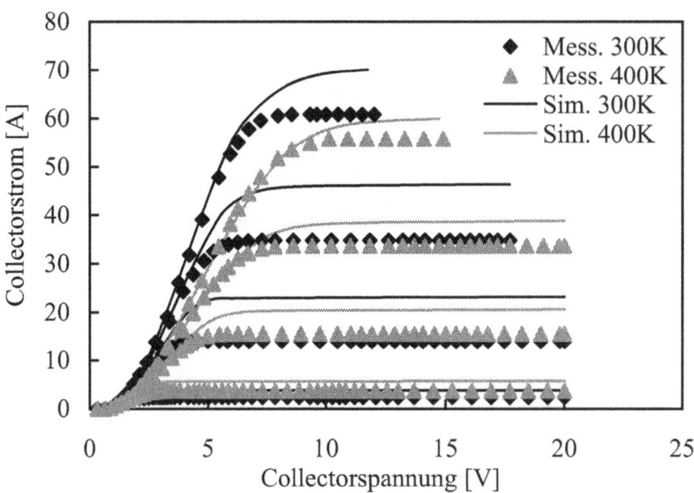

Abbildung 5.27: Ausgangskennlinienfeld des flach heliumbestrahlten IGBT NPT12H1 ($V_G = 8V..10V..12V..14V$)

dem Vergleich der Ausgangskennlinienfelder sind größere Differenzen im gefundenen Sättigungsstromniveau festzustellen.

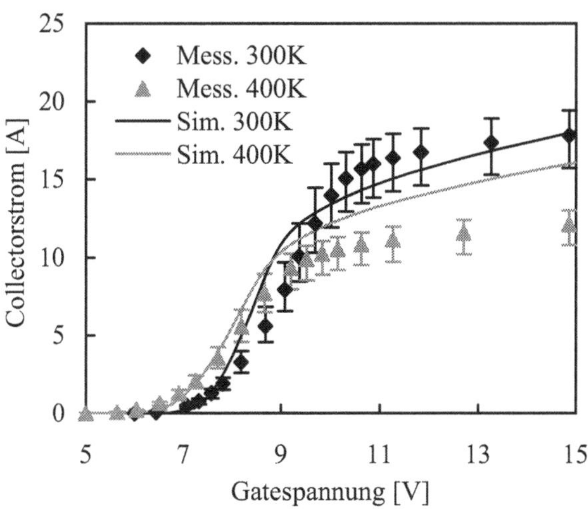

Abbildung 5.28: Transferkennlinien des tief heliumbestrahlten IGBT NPT12H2 ($V_{CE} = 5V$)

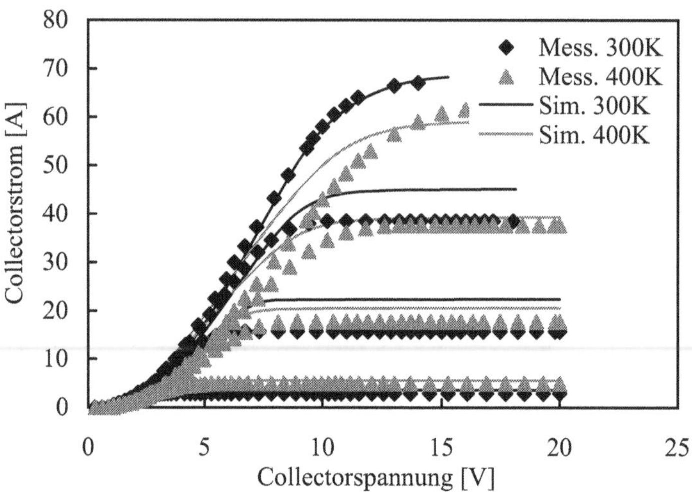

Abbildung 5.29: Ausgangskennlinienfeld des tief heliumbestrahlten IGBT NPT12H2 ($V_G = 8V..10V..12V..14V$)

5.3.2 Schaltverhalten

Das dynamische Verhalten der unterschiedlichen IGBT-Typen wurde anhand des Ausschaltens der Bauelemente gegen eine induktive Last untersucht, wie es prinzipiell in Abbildung 2.13 auf Seite 29 dargestellt ist.

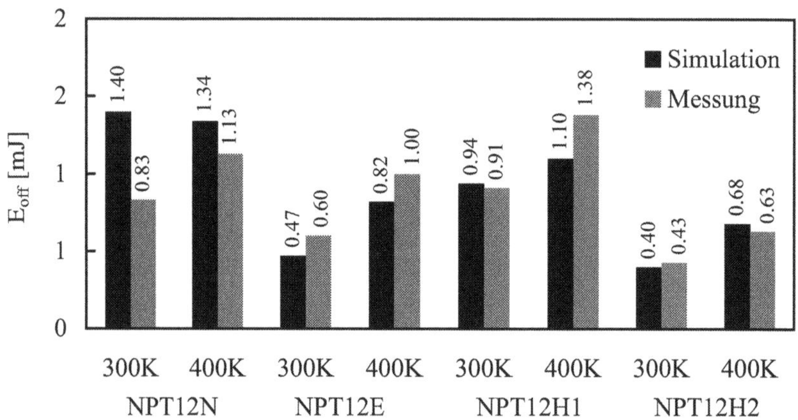

Abbildung 5.30: Vergleich der Ausschaltverluste der IGBT-Typen in Simulation und Messung ($V_R = 600V$, $I_F = 15A$, $R_G = 33\Omega$)

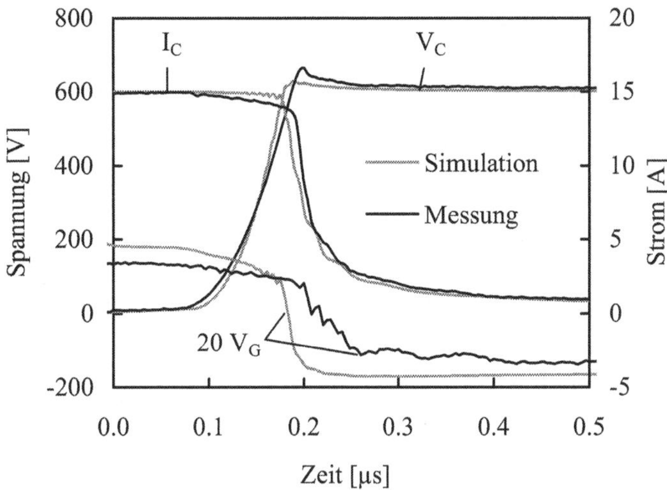

Abbildung 5.31: Ausschalten des IGBT NPT12H1 ($T = 400K$, $V_R = 600V$, $I_F = 15A$, $R_G = 33\Omega$)

Abbildung 5.30 zeigt den Vergleich der gemessenen und simulierten Ausschaltverluste der verschiedenen Bauelementetypen. Anhand dieser Darstellung läßt sich eine zufriedenstellende Übereinstimmung von Simulation und Messung feststellen. Für alle Bestrahlungsvarianten werden sowohl die Unterschiede der einzelnen Typen untereinander als auch die Veränderungen bei Zunahme der Temperatur richtig wiedergegeben. Die hohe Diskrepanz des gemessenen und simulierten Wertes für die Ausschaltverluste des unbestrahlten IGBT bei einer Temperatur von 300K resultiert aus dem in der Simulation deutlich längerem Tailstrom.

Die Abbildungen 5.31 und 5.32 zeigen als Beispiele die zeitlichen Verläufe von Collectorstrom und -spannung sowie der Gatespannung für die beiden unterschiedlich heliumbestrahlten IGBT's. Die Simulation zeigt hier eine sehr gute Übereinstimmung mit der Messung. Deutlich zu sehen ist beim Vergleich der beiden Abbildungen die Auswirkung der tiefen Heliumimplantation auf das Ausschaltverhalten. Die starke Absenkung der Trägerlebensdauer im Gebiet des Maximums des Ladungsträgerverlaufes (siehe Abbildung 2.14 auf Seite 30) resultiert in einem wesentlich schnelleren Abschalten des Bauelementes und führt zu einer Halbierung der Ausschaltverluste im Vergleich zum unbestrahlten IGBT.

Auch im Vergleich zu dem elektronenbestrahlten Typ ist bei der anwendungsrelevanten hohen Temperatur von 400K noch eine deutliche Reduktion der Schaltverluste zu verzeichnen. Solche Bauelemente könnten sinnvoll für Anwendungen mit hohen Schaltfrequenzen eingesetzt werden, wo die gestiegenen Durchlaßverluste einen geringeren Anteil an den Gesamtverlusten des Bauelementes ausmachen.

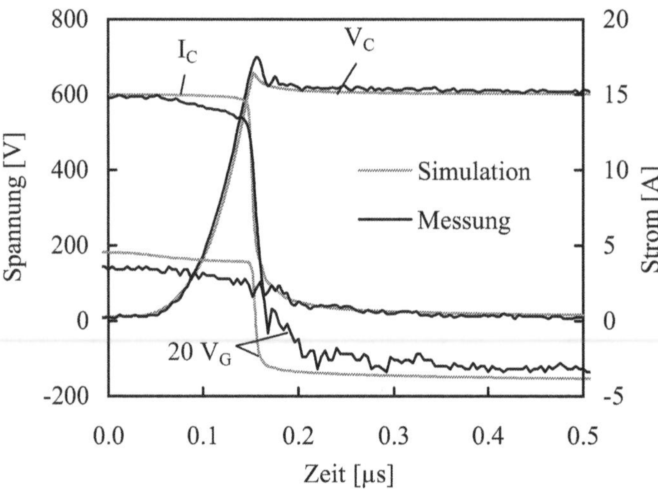

Abbildung 5.32: Ausschalten des IGBT NPT12H2 ($T = 400K$, $V_R = 600V$, $I_F = 15A$, $R_G = 33\Omega$)

Die flache Heliumimplantation führt dagegen zu keiner Verbesserung des Schaltverhaltens, bei einer Temperatur von 400K sind sogar höhere Verluste als beim nichtbestrahlten IGBT zu verzeichnen.

Kapitel 6

Bewertung des Rekombinationsmodells

6.1 Gültigkeit des Rekombinationsmodells

Mit Hilfe des in Kapitel 2.4 vorgestellten erweiterten Rekombinationsmodells ist es möglich, Bauelemente mit durch Bestrahlungsverfahren veränderter Lebensdauer zu simulieren.

Voraussetzung hierfür ist in jedem Fall, daß die Rekombinationsvorgänge durch mit Hilfe des Shockley-Read-Hall-Formalismus beschriebene Prozesse dominiert werden. In Fällen, in denen die Lebensdauer durch Störstellen-Augerprozesse kontrolliert wird, sind demnach Fehler zu erwarten. Da nennenswerte Anteile an Augerrekombination aber erst bei sehr hohen, in den hier interessierenden Bauelementegebieten normalerweise nicht auftretenden, Ladungsträgerdichten zu verzeichnen sind, ist von dieser Seite her keine Einschränkung zu erwarten.

Zu größeren Fehlern kommt es, wenn die Relaxationszeiten nach Einfang bzw. Emission eines Ladungsträgers beginnen, Einfluß auf die Trägerrekombination zu nehmen. Dieses 'Einschwingverhalten' ist bei der Herleitung der SRH-Statistik vernachlässigt, folglich kann dieser Formalismus in diesem Fall nicht benutzt werden. Diese Störstellenrelaxation nimmt im Falle extrem hoher Ladungsträgerdichten im Vergleich zur Störstellendichte Einfluß und führt zu einem Sättigungsverhalten der Rekombinationsrate, wie sie beispielsweise in Solarzellen bei hochkonzentriertem Sonnenlicht auftreten [24]. Bei den in dieser Arbeit untersuchten Bauelementen spielt dieser Effekt noch keine Rolle.

Nicht verwendet werden kann das vorgestellte Rekombinationsmodell für die Beschreibung der Rekombinationsvorgänge in Bauelementen mit einer Lebensdauereinstellung durch Diffusionsverfahren. Die mit Gold oder Platin erzeugten Störstellen in der Bandlücke können im Unterschied zu strahlungsinduzierten Zentren nicht als unabhängig voneinander angesehen werden, demnach hat der Einfang eines Ladungsträgers in den donatorischen Term immer Auswirkungen auf den Trägereinfang des akzeptorischen Terms und umgekehrt. Diese Verkopplung der Niveaus erfordert eine Erweiterung der Ratengleichungen im Modell entsprechend [106].

Das eingesetzte erweiterte Rekombinationsmodell ist somit für alle in dieser Arbeit untersuchten Bauelemente gültig.

6.2 Abschätzung von Fehlermöglichkeiten

Im Falle bestrahlter Dioden wurden, wie in Kapitel 4.2 ausführlich dargestellt, nach Ausheilung drei das Rekombinationsverhalten beeinflussende Störstellen gefunden. Für alle drei Störstellen wurden die Zentrenparameter bestimmt, wobei dem dominanten Zentrum E(90K) der Hauptstellenwert zukam. Es kann davon ausgegangen werden, daß die ermittelten Parameter innerhalb der nachfolgend aufgeführten, meßprinzipbedingten Fehlerspannen korrekt sind.

Im Falle der Messung der Störstellenkonzentration beträgt der Gesamtfehler der DLTS ca. 10-20% in Abhängigkeit von der vorliegenden Störstellendichte. Die größte Fehlerquelle besteht hier in der Bestimmung der aktiven Fläche des pn-Überganges - diese Fläche geht quadratisch in die Berechnung der Zentrenkonzentration ein (siehe Kapitel 3.1.1). Im Falle von E(90K) wird die Zentrenkonzentration darüber hinaus zur Bestimmung der Elektroneneinfangrate aus der Hochinjektionslebensdauermessung herangezogen, ein Fehler bei der Bestimmung der Zentrenkonzentration wirkt sich also direkt auf den erhaltenen Wert der Einfangrate aus. Allerdings gleicht sich dieser Fehler in gewissen Grenzen aus, da die aus den beiden Werten resultierende Hochinjektionslebensdauer konstant bleibt.

Der Fehler bei der Bestimmung der Aktivierungsenergie mit Hilfe des DLTS-Verfahrens resultiert größtenteils aus dem Fehler bei der Bestimmung der Probentemperatur und liegt bei weniger als 10% [167].

Im Fall der Lebensdauermessung mit Hilfe des OCVD-Verfahrens hängt die Fehlergröße von der Genauigkeit des Oszilloskops und der Temperaturmessung ab. Dazu kommen noch Unsicherheiten durch eingestreutes Rauschen. Der Gesamtfehler der gemessenen Lebensdauer liegt im Bereich kleiner 10% und ist bei kurzen Lebensdauern aufgrund der dann sehr schnell abfallenden Leerlaufspannung höher. Da die gemessenen Hochinjektionslebensdauern bei niedrigen Temperaturen deutlich kleiner als bei hohen Temperaturen waren, ist der größte Fehler also bei den niedrigsten Temperaturwerten zu erwarten.

Fehlerbehaftet kann im Weiteren das Verhältnis des Löcher- zum Elektroneneinfangkoeffizienten des Zentrums E(230K) sein, die hier zu Hilfe gezogenen Sperrstrommessungen können bei Anwesenheit weiterer Zentren in der Bandmitte leicht verfälscht werden. Aufgrund der vorgefundenen geringen Störstellendichten von E(230K) in den Proben ist der Einfluß dieser Zentren auf das Hochinjektionsverhalten der Bauelemente nur gering und wird nicht zu nennenswerten Fehlern führen.

Die größte Fehlerquelle liegt daher in der Bestimmung der Zentrenkonzentration. Im Falle der unterschiedlichen elektronenbestrahlten Proben sind die gefundenen Ergebnisse für die vorliegenden Störstellendichten und deren Abhängigkeit von den Bestrahlungsparametern konsistent. Problematisch sind jedoch die Ergebnisse für die Bestimmung der Störstellenprofile aufgrund der zum Teil sehr hohen vorliegenden Zentrendichten. In der Gesamtheit haben die Simulationen im Vergleich zu Messungen an Bauelementen mit inhomogener Rekombinationszentrenverteilung jedoch gute Ergebnisse gezeigt, so daß die in Kapitel 4.3.1 abgeschätzten Werte für die Konzentrationen in einem Fehlerbereich von maximal $\pm20\%$ korrekt sein sollten.

Bei der Auswertung der Simulations- und Meßergebnisse zeigen sich darüber hinaus einige durchgehende Differenzen, deren mögliche Ursachen im Folgenden kurz diskutiert werden sollen.

In Kapitel 5.2.1 wurde das Durchlaßverhalten von Diodenproben untersucht. Dabei zeigen sich bei Betrachtung der heliumbestrahlten Probe 11H2 und der elektronenbestrahlten Probe 11E3 im Vergleich zur kombiniert elektronen- und heliumbestrahlten Probe 11EH einige auffällige Differenzen. Während im Falle der jeweils nur einer Bestrahlung unterzogenen Samples jeweils eine gute Übereinstimmung zwischen den gemessenen und simulierten Durchlaßkurven gefunden wird, zeigt Probe 11EH deutlich größere Abweichungen. Dies ist in diesem Maße zunächst nicht zu erwarten, da für diese Probe die Elektronenbestrahlung von 11E3 und die Heliumbestrahlung von 11H2 kombiniert wurden. Der erzeugte Störstellenpeak befindet sich jedoch in den heliumbestrahlten Proben hinter dem pn-Übergang, da hier das Zentrenprofil bestimmt werden sollte und aus diesem Grund die Eindringtiefe des p-Gebietes von 22μm auf 11.5 μm reduziert wurde. In der Probe EH ist zwar der Peak an gleicher Stelle zu finden, der pn-Übergang liegt jetzt jedoch hinter dem Störstellenmaximum. Die optimale Lage des Maximums der generierten Rekombinationszentren wurde experimentell ermittelt, wobei die Flußspannung abhängig von der Lage des Störstellenpeaks bezogen auf die Lage des pn-Überganges ist [91]. Da kombiniert elektronen- und heliumbestrahlte CAL-Dioden aber seit mehreren Jahren von der Firma Semikron, welche alle in dieser Arbeit untersuchten Diodenproben gefertigt hat, erfolgreich bei geringen Streuungen der Bauelementekennwerte produziert werden, können solche Fehler ausgeschlossen werden.

Eine genauere Betrachtung des Verlaufes der Durchlaßspannung zeigt, daß die Änderung der Flußspannung in Abhängigkeit der Temperaturänderung $\frac{dV_F}{dT}$ in der Messung höher ist als in der Simulation. Somit ist eine geringere Krümmung der Kurve sowie eine Verschiebung des Flußspannungsmaximums zu einer kleineren Temperatur zu verzeichnen. Dies deutet auf Fehler hin, die durch die Vernachlässigung bzw. Nichtbeachtung anderer physikalischer Vorgänge im Halbleiter hervorgerufen werden. Ein solcher Vorgang könnte die Entstehung von Rekombinationswärme sein, da bei jedem Übergang eines Elektrons aus dem Leitungs- in das Valenzband Energie an das Gitter abgegeben wird. Der Halbleiterkristall wird somit zusätzlich aufgeheizt, was Veränderungen in den Beweglichkeiten sowie der Eigenleitung bewirkt. Diese zusätzlichen Energiebeiträge können im Falle von Bauelementen, in denen Rekombination über tiefe Störstellen dominiert, nicht nur bei schnellen transienten Prozessen, sondern auch unter quasistationären Bedingungen eine nicht zu vernachlässigende Rolle spielen [161]. Außerdem kann, insbesondere bei hohen Stromdichten, ebenfalls die während der Flußspannungsmessung erzeugte Wärmemenge zu einer Temperaturänderung führen.

Aus diesen Gründen soll nachstehend eine Abschätzung der verursachten Temperaturänderung während der Flußspannungsmessung erfolgen. Die Änderung der Temperatur infolge einer erzeugten Wärmemenge Q_W ergibt sich aus der nachstehenden Gleichung:

$$\Delta T = \frac{Q_W}{C_{Si}\, m_{Si}} \tag{6.1}$$

Die Größen C_{Si} und m_{Si} bezeichnen hier die spezifische Wärmekapazität sowie die Masse des Siliziums. Die Masse des Siliziums kann aus der Dichte von Silizium $\rho_{Si} = 2.33\frac{g}{cm^3}$ sowie dem betreffenden Volumen V, welches sich aus der Bauelementefläche sowie der Weite der Diodenbasis ergibt, bestimmt werden:

$$m_{Si} = \rho_{Si}\, V = \rho_{Si}\, A\, w_B \tag{6.2}$$

Die spezifische Wärmekapazität von Silizium beträgt $C_{Si} = 0.7\frac{Ws}{g\,K}$. Die zugeführte Energiemenge setzt sich aus zwei Anteilen zusammen. Der erste Anteil ist die infolge der Rekombination von Ladungsträgern während der Messung an das Gitter abgegebene Energiemenge, der zweite Anteil ergibt sich aus der während der Messung eingebrachten elektrischen Gesamtleistung. Die Dauer der Messung ergibt sich hier aus der Pulsdauer t_p des verwendeten Kennlinienschreibers Tektronix 371A zu ungefähr $250\mu s$ [62]. Aufgrund dieser kurzen Meßzeit kann angenommen werden, daß während der Messung eine Veränderung der Temperatur des betreffenden Halbleitervolumens infolge von Wärmeleitung noch keinen großen Einfluß hat.

Die infolge von Rekombination erzeugte Energiemenge E_{Rec} ist direkt proportional zur Anzahl der rekombinierten Ladungsträger z:

$$E_{Rec} = z \cdot q \cdot E_G \tag{6.3}$$

Die Anzahl der rekombinierten Ladungsträger pro Zeiteinheit in einem bestimmten Volumen ergibt sich aus der Nettorekombinationsrate :

$$z = U \cdot V \cdot t_P \tag{6.4}$$

Die Nettorekombinationsrate selbst läßt sich näherungsweise durch die Gleichung 2.24 auf Seite 35 bestimmen. Da lediglich die Größenordnung der erzeugten Temperaturänderung bestimmt werden soll, kann die sich aus Zentrendichte und Elektroneneinfangrate des A-Zentrums E(90K) ergebende Hochinjektionslebensdauernäherung genutzt werden:

$$U = \frac{\delta n}{(c_n\, N_T)^{-1}} \tag{6.5}$$

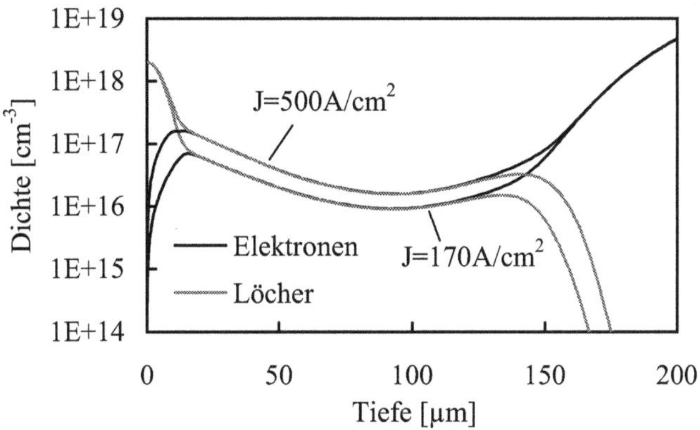

Abbildung 6.1: Ladungsträgerverteilung in der Probe 45E5 (T=425K)

Die Überschußträgerdichte δn kann den Simulationen entnommen werden.

Der Anteil der erzeugten Energiemenge infolge der umgesetzten elektrischen Leistung E_{el} ergibt sich aus dem Produkt von Flußstrom, Flußspannung und Pulsdauer bezogen auf das betreffende Teilvolumen des Bauelementes:

$$E_{el} = V_F \cdot I_F \cdot t_p \cdot \frac{w_B}{w_{ges}} \qquad (6.6)$$

Aus den Gleichungen 6.1 bis 6.6 läßt sich der nachstehende Ausdruck für die Abschätzung der resultierenden Temperaturänderung während der Flußspannungsmessung ableiten, wobei der erste Term für den infolge von Rekombination erzeugten Anteil und der zweite Term für den infolge der umgesetzten elektrischen Leistung erzeugten Anteil steht:

$$\Delta T = \frac{\delta n\, c_n\, N_T\, q\, t_p\, E_G}{C_{Si}\, \rho_{Si}} + \frac{V_F\, I_F\, t_p}{C_{Si}\, \rho_{Si}\, A\, w_{ges}} \qquad (6.7)$$

Ein quantitative Abschätzung soll anhand der Probe 45E5 für Nennstrom und dreifachen Überstrom bei einer Umgebungstemperatur von 425K erfolgen. Anhand der mit

Stromdichte J_F	Trägerdichte $\overline{n}$	Anteil Temperaturänderung ΔT		
		Rekombination	Flußstrom	Gesamt
170 A/cm^2	$3.2 \cdot 10^{16} cm^{-3}$	2.9 K	1.8 K	4.7 K
500 A/cm^2	$6.5 \cdot 10^{16} cm^{-3}$	5.7 K	7.5 K	13.2 K

Tabelle 6.1: Abschätzung der durch Flußstrom und Ladungsträgerrekombination verursachten Temperaturänderung in Probe 45E5 (T=425K)

Hilfe der Simulation berechneten Ladungsträgerdichten im Bauelement, dargestellt in Abbildung 6.1, ergeben sich die in Tabelle 6.1 aufgeführten Näherungswerte für die verursachte Temperaturänderung und deren Anteile. Die Mittelung der Trägerdichte erfolgte im Bereich der Diodenbasis von 22μm bis 95μm.

Der Einfluß der Rekombinationswärme als auch der durch den Flußstrom erzeugten Wärme sollte aufgrund der meist exponentiellen Abhängigkeiten der betreffenden Größen (Beweglichkeiten, Eigenleitung etc.) vor allem bei höheren Temperaturen an Wirkung gewinnen und so die im Vergleich von Messung zur Simulation differierenden Abhängigkeiten erklären. Eine Erhöhung der Temperatur resultiert in den untersuchten Bauelementen in einem Ansteigen der Hochinjektionslebensdauer aufgrund der mit steigender Temperatur abnehmenden Elektroneneinfangrate von E(90K). Dadurch wird der Spannungsabfall über der Diode bei konstantem Flußtrom in der Messung abnehmen, während die Simulation höhere Werte liefern wird - die Messung kann also tatsächlich in einer stärkeren Abhängigkeit von der Temperatur resultieren. Damit lassen sich auch die größeren Abweichungen an der Probe 11EH im Vergleich zu 11H2 und 11E3 erklären, da sich dieser Effekt an Bauelementen mit höherer Flußspannung stärker als an Bauelementen mit niedrigem Flußspannungsabfall auswirken wird. Dies wird ebenfalls beim Betrachten der Verhältnisse an den mit 4.5MeV Elektronen und hohen Dosen bestrahlten Proben deutlich, auch hier weisen die Bauelemente aufgrund der hohen Rekombinationszentrendichten eine große Flußspannung auf. Diese Abschätzung liefert daher eine mögliche Erklärung für die festgestellten Diskrepanzen zwischen den gemessenen und simulierten Verläufen, welche vor allem bei höheren Temperaturen auftreten.

6.3 Erweiterte Möglichkeiten der Simulation

Die vollständige Beschreibung der Störstellen-Umladeprozesse ermöglicht die Berücksichtigung dynamischer Effekte in der Simulation, welche durch geladene Störstellenzustände hervorgerufen werden. Ein solcher Effekt sind Impattoszillationen, welche während des Ausschaltens von bestrahlten Bauelementen auftreten können [94]. Abbildung 6.2 zeigt eine bei einer Temperatur von 280K an der Probe 45E5 gemesse Impattschwingung.

In Abbildung 6.3 ist das Ergebnis der Simulation dieses Effekts dargestellt. Im Unterschied zur Messung wurde in der Simulation der IGBT als veränderlicher Widerstand nachgebildet, um diese sehr zeitaufwendigen Rechnungen verkürzen zu können. Die in Abbildung 6.2 zu findende Schwingung im Stromverlauf ist in der Simulation nicht zu finden und auf Einstreuungen in den verwendeten Tastkopf bei der Messung zurückzuführen. Die hochfrequenten Impatt-Schwingungen werden durch die positiv geladenen Donatortraps H(195K) verursacht, welche während des Abschaltvorganges die effektive Dotierung in der Basis erhöhen und damit die Avalanche-Durchbruchspannung herabsetzen. Dadurch kommt es in der Nähe des pn-Übergangs zur Generation von Elektronen, welche anschließend durch das elektrische Feld in Richtung des nn^+-Überganges abtrans-

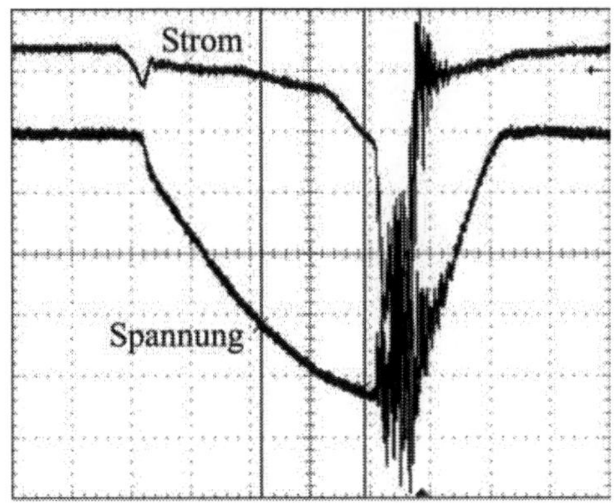

Abbildung 6.2: Oszillogramm einer Impattoszillation an der Probe 45E5 bei $T = 280K$, $V_R = 910V$, $I_F = 5A$ ($20A/div$, $200V/div$, $200ns$)

portiert werden. Die anfangs am pn-Übergang stehende Elektronenwolke schwächt die Avalanche-Generation ab, so daß es zu keiner stetigen Ladungsträgergeneration kommt. Es wird demnach periodisch immer wieder eine neue Elektronenwolke generiert und abtransportiert.

Die Frequenz der Schwingung wird durch die Weite des durchlaufenen Gebietes und der Laufzeit der Elektronen bestimmt. Abbildung 6.4 zeigt die mit Hilfe des Simulators berechneten Elektronendichten im Bauelement zu verschiedenen Zeitpunkten. Anhand dieser Darstellung ist deutlich das Durchlaufen der Ladungsträger zu sehen. Mit zu-

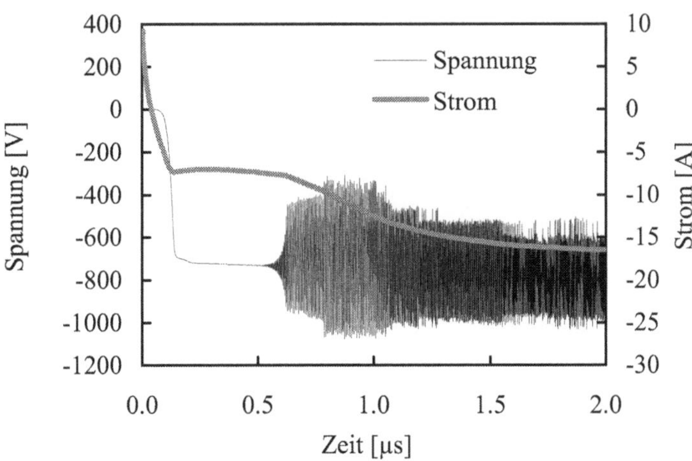

Abbildung 6.3: Simulierte Impattoszillation ($T = 270K$, $V_R = 760V$, $I_F = 10A$)

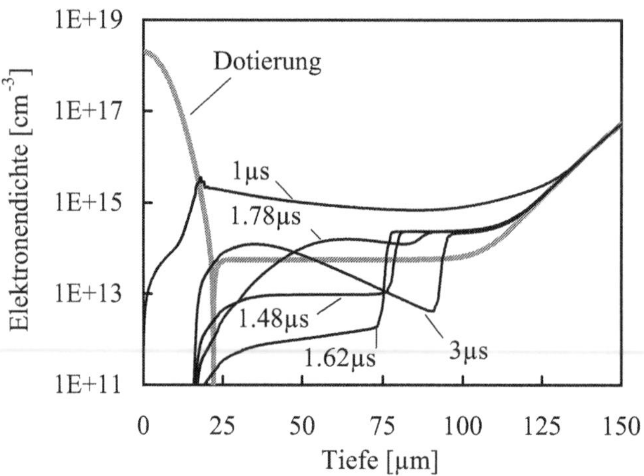

Abbildung 6.4: Elektronenverteilung in der Diode während der Impattschwingung

nehmender Zeitdauer entladen sich die Zentren H(195K) bis das Bauelement wieder in der Lage ist, die Sperrspannung aufzunehmen - die Schwingungen werden beendet. Die Einsatzspannung dieser Schwingungen hängt hauptsächlich von der Größe der Einfangraten und der vorliegenden Konzentration von H(195K) ab. Da die Einfangraten wiederum durch die Temperatur beeinflußt werden, ist auch das Einsetzen des Effektes, wie in [94] beobachtet, abhängig von der Bauelementetemperatur.

Kapitel 7

Zusammenfassung

Das Ziel dieser Arbeit ist es, qualitativ und quantitativ aussagekräftige Simulationen von Leistungsbauelementen zu ermöglichen, welche zur Verbesserung ihrer Eigenschaften einer Trägerlebensdauereinstellung mit Hilfe von Bestrahlungsverfahren unterzogen wurden.

Ausgehend von den Zielstellungen der Trägerlebensdauereinstellung an Freilaufdioden und IGBT, der Untersuchung der möglichen relevanten Rekombinationsprozesse unter Beachtung der notwendigen Ausheilung und der damit verbundenen Reduzierung der einzubeziehenden Störstellenspezies konnte ein erweitertes Rekombinationsmodell in den für leistungselektronische Bauelemente besonders geeigneten Bauelementesimulator TeSCA implementiert werden. Dieses Rekombinationsmodell basiert auf der Shockley-Read-Hall-Statistik und berücksichtigt durch zusätzliche Terme und Ratengleichungen sowohl die geladenen Störstellenzustände als auch deren zeitliche Umladevorgänge. Desweiteren ist es möglich, Verteilungsprofile, wie sie typischerweise infolge von Protonen- oder Heliumbestrahlungen entstehen, einzubeziehen. Es bestehen daher von Seiten des Simulationsprogrammes alle Möglichkeiten zur vollständigen und korrekten Beschreibung von Rekombinationsprozessen bei niedrigen und mittleren Ladungsträgerdichten im Bereich bis ca. $1 \cdot 10^{17} cm^{-3}$ unter Berücksichtigung mehrerer Störstellen. Die Simulation von bestrahlten Leistungsbauelementen sollte daher problemlos möglich sein. Wenn einer Lebensdauereinstellung unterzogene Bauelemente simuliert werden sollen, in denen deutlich höherer Ladungsträgerkonzentrationen in den betreffenden Gebieten auftreten, ist die Berücksichtigung weiterer Rekombinationsprozesse erforderlich. Hier ist es möglich, daß z.B. Störstellen-Auger-Prozesse an Einfluß gewinnen. Daraus könnten sich im Bedarfsfalle Aufgabenstellungen für weiterführende Arbeiten ergeben.

Voraussetzung für eine realitätsnahe Simulation ist neben einem geeigneten Modell die möglichst genaue Kenntnis der relevanten Störstellenparameter. Ein geeignetes Verfahren zur Bestimmung der Zentrenzusammensetzung, der Zentrenparameter und deren Verteilungsprofil steht mit der DLTS (Deep Level Transient Spectroscopy) zur Verfügung [79]. Mit Hilfe der DLTS wurden sowohl die Eigenschaften des unbestrahlten Ausgangsmaterials, mit dem Ziel der Kalibrierung des Simulators, als auch der elektronen- und heliumbestrahlten Proben untersucht. Unter den notwendigen Ausheilbedingungen wurden drei rekombinationsrelevante Störstellen, E(90K), E(230K) und H(195K), gefunden und deren grundlegende Parameter ermittelt. Darüber hinaus wurde der Einfluß von Bestrahlungsenergie und -dosis der Elektronenbestrahlung auf die Konzentration der generierten Störstellen untersucht. Die prinzipbedingten Einschränkungen der DLTS führten zur Notwendigkeit des Einsatzes anderer Meßverfahren, insbesondere aufgrund der Erfordernis der Untersuchung der Temperaturabhängigkeit der Zentreneigenschaften. Als günstig stellte sich die nahezu ausschließliche Kontrolle der Hochinjektionslebensdauer durch eines der drei gefundenen Zentren, des sogenannten A-Zentrum E(90K), heraus. Dadurch war es möglich, mit Hilfe von Lebensdauermessungen der Hochinjektionslebensdauer die Temperaturabhängigkeit der Elektroneneinfangrate von E(90K) zwischen 250K und 425K näherungsweise zu ermitteln. Aufgrund der flachen Lage von E(90K) in der Nähe des Leitbandniveaus mußten jedoch sehr hohe Trägerdichten erzeugt werden, was nur mit Hilfe optischer Ladungsträgergeneration realisierbar war. Diese Notwendigkeit ergab sich aus der kritischen Betrachtung des zugrundeliegenden Shockley-Read-Hall-Formalismus und der Bedingungen zur Herleitung der Hochinjektionsnäherung. Im Falle des Zentrums E(230K) mußten Sperrstrommessungen zur Abschätzung des Verhältnisses von Elektronen- zur Löchereinfangrate eingesetzt werden. Problematisch ist hier eine mögliche Verfälschung des Meßergebnisses durch weitere Zentren in der Bandmitte auch bei nur geringen Störstellendichten.

Im Ergebnis stand ein Parametersatz für die Simulation zur Verfügung, der insbesondere für Leistungsbauelemente geeignet ist - das Verhalten dieser Bauelemente wird wesentlich durch die Hochinjektionslebensdauer bestimmt. Es ergeben sich jedoch auch hier Aufgaben für weiterführende Arbeiten. Eine mögliche Aufgabenstellung besteht in der genaueren Bestimmung der Einfangraten des Zentrums E(230K) - dieses Zentrum beeinflußt bzw. kontrolliert aufgrund der bandmittennahen Lage sowohl die Niederinjektions- als auch Generationslebensdauer [47]. Unter anderen Ausheilbedingungen kann E(230K) aufgrund der dann vorliegenden höheren Konzentration ebenfalls starken Einfluß auf die Hochinjektionslebensdauer nehmen [60].

Als problematisch aufgrund der teilweise sehr hohen Zentrenkonzentrationen stellte sich die Ermittlung der Verteilungsprofile heraus. Basierend auf der Profilmessung an zusätzlich ausgeheilten heliumbestrahlten Proben konnte das grundlegende Profil ermittelt werden, eine Abschätzung der tatsächlich in den Proben vorliegenden Störstellenkonzentration im Maximum erfolgte auf Basis von Messungen der Lebensdauer und der DLTS-Kapazität.

Unter Nutzung des neu implementierten Rekombinationsmodells und der ermittelten Zentrenparameter und -verteilungen wurde eine große Zahl an Simulationen durchgeführt und mit Messungen verglichen. Untersucht wurde das Durchlaßverhalten, die Abhängigkeit der Flußspannung von der Temperatur und das Schaltverhalten unterschiedlich bestrahlter Freilaufdioden für Sperrspannungen von 1.2kV und 3.5kV sowie unterschiedlich bestrahlter 1.2kV NPT-IGBT. Anhand des Vergleichs der Ergebnisse kann sowohl die Eignung des eingesetzten Rekombinationsmodelles als auch die weitgehende Richtigkeit der ermittelten Parameter bestätigt werden. Die Bauelementesimulation ermöglicht somit nun auch die Untersuchung und Optimierung lebensdauereingestellter Bauelemente.

Aufgrund der auftretenden Abweichungen zwischen Simulationen und Messungen wurden schließlich in Kapitel 6 die meßprinzip- und modellbedingten Einschränkungen diskutiert und mögliche Erklärungen für diese Differenzen aufgezeigt. Eine vorgenommene Abschätzung zeigt, daß die durch die rekombinierten Ladungsträger sowie den Flußstrom im Bauelement erzeugte Wärmemenge zu einer Erhöhung der Temperatur von einigen Kelvin führen kann. Dies ist bisher nicht im Simulator berücksichtigt, die Untersuchung dieses Einflusses wäre mit Hinblick auf eine verbesserte Genauigkeit der Simulationsergebnisse wünschenswert.

Neben einer genaueren Simulation lebensdauereingestellter Bauelemente ermöglicht die korrekte Beschreibung der Störstellenumladung desweiteren die Erklärung innerelektronischer Vorgänge von Effekten wie der dynamischen Impatt-Schwingung [94]. Diese Schwingungen können an bestrahlten Bauelementen auftreten und werden durch temporär positiv geladene Störstellen verursacht, wodurch die Durchbruchspannung zeitweise herabgesetzt wird und dynamischer Avalanche einsetzt. Das Auftreten solcher Effekte in der Anwendung muß aufgrund der störenden, und teilweise auch die Bauelemente zerstörenden, Auswirkungen vermieden werden.

Darüber hinaus ist zu vermuten, daß die erzeugten Rekombinationszentren ebenfalls Einfluß auf die Entstehung von Schwingungen durch laufzeitverzögerte Plasmaextraktion (PETT-Schwingungen) nehmen, wie sie beim Abschalten von Leistungsschaltern beobachtet werden [44]. Die Anwesenheit von Störstellen wird zwar keinen Einfluß auf die Frequenz dieser Schwingungen nehmen, allerdings könnte es durch die zusätzliche Dämpfung bzw. Entdämpfung des gesamten schwingfähigen Systemes zu einer Veränderung der (sehr komplexen und bisher nur wenig untersuchten) Einsatzbedingungen für das Auftreten der PETT-Schwingungen kommen. Die Notwendigkeit dieser Untersuchungen floß in die Aufgabenstellung aktueller Forschungsschwerpunkte ein [114].

Anhang A

Verwendete Simulationsmodelle

A.1 Rekombination

Shockley-Read-Hall-Rekombination

Die Shockley-Read-Hall-Rekombination über tiefe Störstellen ist in der Form von Gleichung A.1 oder unter vollständiger Berücksichtigung tiefer Störstellen entsprechend Abschnitt 2.4 in TeSCA berücksichtigt:

$$R_{SRH} = \frac{pn - n_i^2}{\tau_p^{TD}\left(n + n_1\right) + \tau_{n0}^{TD}\left(p + p_1\right)} \tag{A.1}$$

Die Temperatur- und Dotierungsabhängigkeit der Minoritätsträgerlebensdauern wird in folgender Form berücksichtigt [23]:

$$\frac{1}{\tau_{n0}^{TD}} = \left(\frac{300\,K}{T}\right)^{\gamma_n}\left(\tau_{n0} + C_n^{SRH} N_{Brutto}\right) \tag{A.2}$$

$$\frac{1}{\tau_{p0}^{TD}} = \left(\frac{300\,K}{T}\right)^{\gamma_p}\left(\tau_{p0} + C_p^{SRH} N_{Brutto}\right) \tag{A.3}$$

Auger-Rekombination

Mit der Band-Band-Auger-Rekombination entsprechend Abschnitt 2.2.1.2 wird der wichtigste intrinsische Rekombinationsprozeß in der Simulation behandelt:

$$R_{AUG} = \left(C_n^{AUG} n + C_p^{AUG} p\right)\left(np - n_i^2\right) \tag{A.4}$$

Parameter	Wert	Beschreibung
τ_{n0}	$100\mu s$	Elektronenlebensdauer
τ_{p0}	$100\mu s$	Löcherlebensdauer
γ_n	1.5	
γ_p	1.5	
C_n^{SRH}	$1 \cdot 10^{-12} cm^{-3} s$	Dotierungsabhängigkeit Elektronen
C_p^{SRH}	$9 \cdot 10^{-12} cm^{-3} s$	Dotierungsabhängigkeit Löcher
C_n^{AU}	$2.8 \cdot 10^{-31} cm^{-6} s^{-1}$	Augerkoeffizient für Elektronen
C_P^{AU}	$9.9 \cdot 10^{-32} cm^{-6} s^{-1}$	Augerkoeffizient für Löcher
s_n	$5 cm/s$	Oberflächenrekombination Elektronen
s_p	$5 cm/s$	Oberflächenrekombination Löcher
$E_{n_{ava}}$	$1.231 \cdot 10^6 V/cm$	Ionisierungsfeldstärke für Elektronen
$E_{p_{ava}}$	$2.036 \cdot 10^6 V/cm$	Ionisierungsfeldstärke für Löcher
α_n^∞	$7.03 \cdot 10^5 cm^{-1}$	Avalanchekoeffizient für Elektronen
α_p^∞	$7.03 \cdot 10^5 cm^{-1}$	Avalanchekoeffizient für Löcher
β_n	1	
β_p	1	

Tabelle A.1: Rekombinationsparameter

Oberflächenrekombination

Die Oberflächenrekombination an Oberflächen und Grenzflächen folgt in abgewandelter
Form der SRH-Gleichung:

$$R^{Surface} = \frac{pn - n_i^2}{\frac{1}{s_p}(n + n_1) + \frac{1}{s_n}(p + p_1)} \tag{A.5}$$

Avalanche-Generation

Die Avalanche- oder Lawinengeneration von Ladungsträgerpaaren wird im Simulator
TeSCA mit der nachstehenden Gleichung beschrieben:

$$G^{Ava} = \alpha_n^\infty \exp\left[\left(-\frac{E_{n_{ava}}}{E}\right)^{\beta_n}\right]\frac{|J_n|}{q} + \alpha_p^\infty \exp\left[\left(-\frac{E_{p_{ava}}}{E}\right)^{\beta_p}\right]\frac{|J_p|}{q} \tag{A.6}$$

Tabelle A.1 gibt eine Übersicht der Simulationsparameter und der für die Durchführung der Simulationen genutzten Werte.

Parameter	Wert	Beschreibung
E_G	$1.12 eV$	Bandlücke
N_0	$1 \cdot 10^{17} cm^{-3}$	Referenzdotierung
C	0.5	
V	$0.009 V$	

Tabelle A.2: Eigenleitungsparameter

A.2 Eigenleitung

In TeSCA wird die Eigenleitungsdichte n_i in Abhängigkeit der Temperatur nach folgendem Ansatz berechnet [132]:

$$n_i\left(T\right) = n_i \left(\frac{T}{300K}\right)^{1.5} \exp\left[\frac{-E_G}{2k_BT}\left(1 - \frac{T}{300K}\right)\right] \qquad (A.7)$$

Die effektive, dotierungsabhängige Eigenleitungsdichte modelliert Effekte des Bandgap-Narrowing durch die Veränderung der Eigenleitung [137]:

$$n_i\left(T, N\right) = n_i\left(T\right) \exp\left\{\frac{qV\left[\ln\left(\frac{N_D^+ + N_A^-}{N_0}\right) + \sqrt{\ln^2\left(\frac{N_D^+ + N_A^-}{N_0}\right) + C}\right]}{2k_BT}\right\}$$

Alle Modellparameter und die in den Simulationen verwendeten Werte sind in Tabelle A.2 aufgeführt.

A.3 Beweglichkeitsmodell

Für die Beschreibung der Trägerbeweglichkeiten stehen in TeSCA mehrere Standardmodelle zur Verfügung. Das ausgewählte Beweglichkeitsmodell berücksichtigt die Abhängigkeiten von der Temperatur, der Dotierung und der Feldstärke. Es wird sowohl die Feldstärkekomponente in Stromrichtung (Sättigung der Ladungsträgerdriftgeschwindigkeit bei hohen Feldstärken) als auch die transversale Komponente berücksichtigt. Letzterer Anteil ermöglicht das Modellieren der Beweglichkeitsreduktion in Inversions- oder Anreicherungsschichten und ist in dieser Arbeit vor allem für den Inversionskanal der MOS-Komponente bei IGBT's erforderlich. Aufgrund der Gleichheit der Ausdrücke für Elektronen und Löcher werden jeweils nur die Beziehungen für die Elektronen angegeben. In Tabelle A.3 sind jedoch die verwendeten Modellparameter für beide Trägersorten angegeben. Die hochgestellten Indizes haben folgende Bedeutung:

- L: Lattice scattering oder Gitterstreuung, bewirkt die Temperaturabhängigkeit der Beweglichkeiten

Parameter	Wert	Beschreibung
μ_{n_0}	$1420 cm^2/Vs$	Grundbeweglichkeit Elektronen
$\mu_{n_{min}}$	$47 cm^2/Vs$	minimale Elektronenbeweglichkeit
GN	1.53	Temperaturkoeffizient
$C_{n_{REF}}$	$1.05 \cdot 10^{17} cm^{-3}$	Referenzdotierung Elektronen
AMUN4	3.65	Temperaturkoeffizient
AMUN5	0.57	Temperaturkoeffizient
γ_n	0.98	Temperaturkoeffizient
μ_{p_0}	$474 cm^2/Vs$	Grundbeweglichkeit Löcher
$\mu_{p_{min}}$	$36 cm^2/Vs$	minimale Löcherbeweglichkeit
GP	1.45	Temperaturkoeffizient
$C_{p_{REF}}$	$2.85 \cdot 10^{17} cm^{-3}$	Referenzdotierung Löcher
AMUP4	2.93	Temperaturkoeffizient
AMUP5	0.57	Temperaturkoeffizient
γ_p	0.87	Temperaturkoeffizient
$v_{n_{sat}}$	$1 \cdot 10^7 cm/s$	Sättigungsgeschwindigkeit Elektronen
v_{n_c}	$4.9 \cdot 10^6 cm/s$	Referenzgeschwindigkeit Elektronen
G_N	8.88	
EVN	0.87	Temperaturkoeffizient
α_n	$1.54 \cdot 10^{-5} cm/V$	
$v_{p_{sat}}$	$1 \cdot 10^7 cm/s$	Sättigungsgeschwindigkeit Löcher
v_{p_c}	$2.928 \cdot 10^6 cm/s$	Referenzgeschwindigkeit Löcher
G_P	1.6	
EVP	0.52	Temperaturkoeffizient
α_p	$5.35 \cdot 10^{-5} cm/V$	

Tabelle A.3: Beweglichkeitsparameter

- I: Impurity scattering oder Störstellenstreuung, bewirkt die Abhängigkeiten der Beweglichkeit von der Dotierung

- E: Electric field oder Feldstärkeabhängigkeit, bewirkt die Sättigung der Driftgeschwindigkeiten der Ladungsträger bei steigendem elektrischen Feld

Die Temperatur- und Dotierungsabhängigkeit der Beweglichkeiten wird durch ein erweitertes Modell nach [21, 132] beschrieben:

$$\mu_n^{LI} = \mu_{n_{min}} \left(\frac{T}{300K} \right)^{-AMUN5} + \frac{\mu_{n_0} \left(\frac{T}{300K} \right)^{-GN} - \mu_{n_{min}} \left(\frac{T}{300K} \right)^{-AMUN5}}{1 + \left[\frac{CI}{C_{n_{REF}} \left(\frac{T}{300K} \right)^{AMUN4}} \right]^{\gamma_n}} \tag{A.8}$$

Die Transversal- und Lateralkomponente des elektrischen Feldes wird durch nachstehenden Ausdruck berücksichtigt [170]:

$$\mu_n^{LIE} = \frac{\mu_n^{LI}}{\sqrt{1 + \left(\frac{\mu_n^{LIE_\perp} E_\parallel}{v_{n_c}}\right)^2 \left(\frac{\mu_n^{LIE_\perp} E_\parallel}{v_{n_c}} + G_n\right)^{-1} + \left(\frac{\mu_n^{LIE_\perp} E_\parallel}{v_{n_{sat}}(T)}\right)^2}} \tag{A.9}$$

Die Beträge der parallelen und senkrechten Feldstärkeanteile werden mit Hilfe des Skalar- bzw. Kreuzproduktes aus Feld- und Stromdichtevektor berechnet:

$$E_\perp = \frac{\left|\vec{E} \times \vec{J}\right|}{\left|\vec{J}\right|} \tag{A.10}$$

$$E_\parallel = \frac{\left|\vec{E} \cdot \vec{J}\right|}{\left|\vec{J}\right|} \tag{A.11}$$

$$\mu_n^{LIE_\perp} = \frac{\mu_n^{LI}}{\sqrt{1 + \alpha_n E_\perp}} \tag{A.12}$$

Die Temperaturabhängigkeit der Sättigungsgeschwindigkeit der Ladungsträger folgt in TeSCA nachstehenden Beziehungen:

$$v_{n_{sat}}(T) = v_{n_{sat}} \left(\frac{T}{300K}\right)^{-EVN} \tag{A.13}$$

$$v_{p_{sat}}(T) = v_{p_{sat}} \left(\frac{T}{300K}\right)^{-EVP} \tag{A.14}$$

A.4 Dotierungseingabe

Zur Beschreibung von vertikalen Dotierungsprofilen stehen mehrere Möglichkeiten zur Verfügung:

- Eingabe eines konstanten Dotierungswertes

- Eingabe einer Gaussverteilung entsprechend nachstehender Funktion:

$$N(y) = N_{max} \exp\left[-\left(\frac{y - y_{max}}{\lambda}\right)^2\right] \tag{A.15}$$

Parameter	Beschreibung
N_{max}	Dotierungsmaximum
y_{max}	vertikale Lage der maximalen Dotierung
λ	Streuung vertikal
x_l	linker Rand der Dotierung
UL	Unterdiffusion links
x_r	rechter Rand der Dotierung
UR	Unterdiffusion rechts

Tabelle A.4: Parameter der Dotierungseingabe

- Eingabe einer Fehlerfunktion:

$$N(y) = N_{max}\, erf\left[\left(\frac{y_{max} - y}{\lambda}\right) + 1\right] \tag{A.16}$$

mit

$$erf(x) = \frac{2}{\sqrt{\pi}} \int_0^x \exp\left(-x^2\right)\, dx \tag{A.17}$$

- Eingabe eines Dotierungsprofiles mit Stützstellen in Form einer Tabelle, aus denen durch lineare Interpolation eine Verteilungsfunktion erstellt wird

Es besteht die Möglichkeit, einzelne oder mehrere Verteilungsfunktionen einzelnen Gebieten zuzuweisen. Durch Kombination lassen sich damit beliebige Profile berücksichtigen.

Darüber hinaus ist es möglich, eine laterale Verteilung der Dotierung zu berücksichtigen, z.B. um Unterdiffusion beschreiben zu können:

$$N(x,y) = N(y)\, \frac{erf\left(\frac{x-x_l}{UL}\right) - erf\left(\frac{x-x_r}{UR}\right)}{2} \tag{A.18}$$

Anhang B

Verwendete Symbole

α	Temperaturkoeffizient des elektrischen Widerstandes
β_T	Basistransportfaktor
$\beta_{T_{npn}}$	Basistransportfaktor in einem npn-Transistor
$\beta_{T_{pnp}}$	Basistransportfaktor in einem pnp-Transistor
γ_E	Emitterwirkungsgrad
δn	Überschußträgerdichte
ε_0	absolute Dielektrizitätskonstante
ε_r	relative Dielektrizitätskonstante
η	Emittergüte allgemein
η_p	Emittergüte eines p-Emitters
κ	Leitfähigkeit
λ	Streuung oder Halbwertsbreite, Korrekturfaktor
μ	Beweglichkeit allgemein
μ_n	Elektronenbeweglichkeit
μ_p	Löcherbeweglichkeit
ν	Frequenz
ρ	spezifischer elektrischer Widerstand

ρ_{Si}	Dichte von Silizium
σ_0	Einfangquerschnitt
σ_n	Einfangquerschnitt für Elektronen
σ_p	Einfangquerschnitt für Löcher
τ	Ladungsträgerlebensdauer allgemein
τ_n	Trägerlebensdauer für Elektronen
τ_{n0}	Minoritätsträgerlebensdauer der Elektronen
τ_p	Trägerlebensdauer für Löcher
τ_{p0}	Minoritätsträgerlebensdauer der Löcher
τ_{HL}	Hochinjektionslebensdauer
τ_{LL}	Niederinjektionslebensdauer
τ_{SC}	Generationslebensdauer in Raumladungsgebieten
χ_n	Entropiefaktor für Elektronen
χ_p	Entropiefaktor für Löcher
φ	elektrostatisches Potential
φ_n	Quasi-Fermipotential der Elektronen
φ_p	Quasi-Fermipotential der Löcher
A	Fläche
B	Koeffizient für den strahlenden Band-Band-Übergang
C	Kapazität, Einfangwahrscheinlichkeit
C_{DLTS}	DLTS-Kapazität
C_{GD}	Gate-Drain-Kapazität
C_{MI}	Millerkapazität
C_R	Sperrschichtkapazität
C_{Si}	spezifische Wärmekapazität von Silizium
C_n	Auger-Koeffizient für den eeh-Prozeß

C_p Auger-Koeffizient für den ehh-Prozeß

C_∞ Endwert der Kapazität nach einem Spannungssprung (DLTS)

D Dosis

D_A ambipolarer Diffusionskoeffizient

E elektrische Feldstärke, Energie, Emissionswahrscheinlichkeit

E_σ Energiebarriere für den Ladungsträgereinfang

E_{BR} Durchbruchfeldstärke

E_0 maximale Feldstärke im Bauelement

E_1 Feldstärke am nn^+- Dichteübergang einer Diode

E_C Energieniveau der Leitungsbandkante

E_G Bandabstand

E_I intrinsisches Energieniveau

E_T Energieniveau einer Störstelle

E_{TA} Energieniveau einer akzeptorischen Störstelle

E_{TD} Energieniveau einer donatorischen Störstelle

E_V Energieniveau der Valenzbandkante

E_{act} Aktivierungsenergie

E_{el} elektrische Energie

E_{Rec} Energieabgabe durch Rekombination

$E_\perp$ senkrechte Feldstärkekomponente

$E_\parallel$ parallele Feldstärkekomponente

F Fermi-Niveau

F_n Quasi-Fermi-Niveau für Elektronen

F_p Quasi-Fermi-Niveau für Löcher

F_T Fermi-Niveau für eine Störstelle

G Aktivierungsenthalpie, Generationsrate allgemein

H	Enthalpie
I	Strom allgemein
I_C	Collectorstrom
I_E	Emitterstrom
$I_{E,maj}$	Emitterstrom, Majoritätsträgeranteil
I_F	Flußstrom
I_{Fill}	Füllpulsstrom
I_G	Generationsstrom
I_R	Sperrstrom
I_{R0}	Sperrstrom, Grundwert
I_{RR}	Rückstrom
I_n	Elektronenstromanteil
I_p	Löcherstromanteil
J	Stromdichte
J_F	Flußstromdichte
J_R	Sperrstromdichte
J_n	Elektronenstromdichte
J_p	Löcherstromdichte
L	Induktivität
L_A	ambipolare Diffusionslänge
L_D	Debye-Länge
L_L	Lastinduktivität
L_n	Diffusionslänge der Elektronen
N	Zustandsdichte, Dotierung allgemein
N_A	Akzeptordotierung
N_C	effektive Zustandsdichte im Leitungsband

N_D	Donatordotierung
N_I	Dotierung des eigenleitenden Gebietes
N_T	Störstellendichte
N_{TA}	Dichte akzeptorischer Störstellen
N_{TA}^-	Dichte ionisierter akzeptorischer Störstellen
$N_{TA,0}^-$	Dichte ionisierter akzeptorischer Störstellen im Gleichgewicht
N_{TD}	Dichte donatorischer Störstellen
N_{TD}^+	Dichte ionisierter donatorischer Störstellen
$N_{TD,0}^-$	Dichte ionisierter donatorischer Störstellen im Gleichgewicht
N_V	effektive Zustandsdichte im Valenzband
Q	Ladung
Q_W	Wärmemenge
R	elektrischer Widerstand, Rekombinationsrate
R_{akku}	Widerstand der Akkumulationsschicht (IGBT)
R_{drift}	Widerstand des Driftgebietes (IGBT)
R_p	Widerstand eines p-Gebietes (IGBT)
R_{BAA}	Band-Band-Auger-Rekombinationsrate
R_G	Gatewiderstand
R_L	Lastwiderstand
R_{SR}	Ausbreitungswiderstand
R_{SRH}	Shockley-Read-Hall-Rekombinationsrate
S	Entropie, DLTS-Signal
T	Temperatur
U	Nettorekombinationsrate allgemein
U_{cn}	Nettoeinfangrate für Elektronen
U_{cp}	Nettoeinfangrate für Löcher

V	Spannung allgemein
V_{BR}	Durchbruchspannung
V_{CE}	Collector-Emitter-Spannung
V_{CEmax}	maximale Collector-Emitter-Spannung
V_{DS}	Drain-Source-Spannung
V_F	Flußspannung
V_{Fill}	Füllpulsspannung
V_{FR}	Vorwärtserholspannung
V_{FRM}	Einschaltspannungsspitze der Diode
V_{GS}	Gate-Source-Spannung
V_I	Spannungsabfall über dem eigenleitenden Gebiet einer Diode
V_R	Sperrspannung, Rückwärtsspannung
V_{RR}	Rückwärtserholspannung
V_{RRM}	Rückwärtsspannungsspitze der Diode
V_{RRMS}	Rückwärtsspannungsspitze der Diode bei Snap-Of
V_T	Temperaturspannung
V_{diff}	Diffusionsspannung
V_{nn+}	Spannungsabfall über dem nn^+- Übergang (Diode)
V_{pn}	Spannungsabfall über dem pn-Übergang (Diode)
Z	komplexer Widerstand
c_n	Einfangrate für Elektronen
c_p	Einfangrate für Löcher
c_{nA}	Einfangrate für Elektronen in eine akz. Störstelle
c_{nD}	Einfangrate für Löcher in eine don. Störstelle
c_{pA}	Einfangrate für Elektronen in eine akz. Störstelle
c_{pD}	Einfangrate für Löcher in eine don. Störstelle

d	Weite allgemein, Bestrahlungsdosis
d_R	Weite der Raumladungszone bei anliegender Sperrspannung
d_{clear}	Weite der Raumladungszone während des Clearpulses (DLTS)
d_{sc}	Weite der Raumladungszone
d_{sc0}	Weite der Raumladungszone zum Zeitpunkt Null (DLTS)
$d_{sc\infty}$	Weite der Raumladungszone zum Zeitpunkt Unendlich (DLTS)
e_n	Emissionsrate für Elektronen
e_p	Emissionsrate für Löcher
e_{nA}	Emissionsrate für Elektronen aus einer akz. Störstelle
e_{nD}	Emissionsrate für Löcher aus einer don. Störstelle
e_{pA}	Emissionsrate für Elektronen aus einer akz. Störstelle
e_{pD}	Emissionsrate für Löcher aus einer don. Störstelle
f	Wahrscheinlichkeit der Besetzung eines energetischen Zustandes
f_p	Wahrscheinlichkeit der Nichtbesetzung eines energet. Zustandes
f_t	Wahrscheinlichkeit der Besetzung einer Störstelle
f_{pt}	Wahrscheinlichkeit der Nichtbesetzung einer Störstelle
f_A	Wahrscheinlichkeit der Besetzung einer akzeptorischen Störstelle
f_D	Wahrscheinlichkeit der Besetzung einer donatorischen Störstelle
g_{fs}	Vorwärtssteilheit
g_n	Generationsrate für Elektronen
g_p	Generationsrate für Löcher
h	Planck'sches Wirkungsquantum
i	Stromverlauf allgemein
i_D	Diodenstromverlauf
k_B	Boltzmannkonstante
l_B	Länge eines Bulkgebietes

l_{Ch} Kanallänge

m Masse

m_e Elektronenmasse

m_h Löchermasse

$m*$ effektive Masse

m_e* effektive Elektronenmasse

m_h* effektive Löchermasse

n Elektronendichte

$\overline{n}$ mittlere Elektronendichte

n_i Eigenleitungsdichte

n_0 Elektronendichte im Gleichgewicht

n_1 Elektronenanzahl bei Gleichheit von Störstellen- und Fermi-Niveau

p Löcherdichte

$\overline{p}$ mittlere Löcherdichte

p_0 Löcherdichte im Gleichgewicht

p_1 Löcheranzahl bei Gleichheit von Störstellen- und Fermi-Niveau

q Elementarladung

r Radius

s_n Oberflächenrekombinationsgeschwindigkeit für Elektronen

s_p Oberflächenrekombinationsgeschwindigkeit für Löcher

t Zeit

t_{clear} Clearpulsdauer

t_{Fill} Füllpulsdauer

v_l Geschwindigkeit des Ladungsträgerabbaus auf der linken Seite

v_r Geschwindigkeit des Ladungsträgerabbaus auf der rechten Seite

v_n Geschwindigkeit der Elektronen

$v_{n_{sat}}$ Sättigungsgeschwindigkeit der Elektronen

v_p Geschwindigkeit der Löcher

$v_{p_{sat}}$ Sättigungsgeschwindigkeit der Löcher

v_{thn} thermische Geschwindigkeit der Elektronen

v_{thp} thermische Geschwindigkeit der Löcher

w_B Basisweite (Weite der eigenleitenden Zone)

w_{ges} Gesamtweite eines Bauelements

x Tiefe bzw. Ort allgemein

x_j Tiefe des pn-Überganges

x_p Tiefe des Rekombinationszentrenpeaks

y vertikale Position

y_{max} vertikale Position eines Maximums

Literaturverzeichnis

[1] S. K. Bains and P. C. Branbury. A bistable defect in electron-irradiated boron-doped silicon. *J. Phys. C: Solid-State Phys.*, 18(L):109–116, 1985.

[2] B. J. Baliga. Analysis of Insulated Gate Transistors Turn-Off Characteristics. *IEEE Electron Device Letters*, EDL-6(2):74–77, 1985.

[3] B. J. Baliga. Analysis of a High Voltage Merged p-i-n/Schottky (MPS) Rectifier. *IEEE Electron Device Letters*, EDL-8(9), 1987.

[4] B. J. Baliga. *Modern Power Devices*. John Wiley & Sons, 1992.

[5] B. J. Baliga, M. S. Adler, and P. V. Gray. The Insulated Gate Rectifier (IGR): A New Power Switching Device. *IEDM Tech. Dig.*, pages 264–267, 1982.

[6] B. J. Baliga, M. S. Adler, and P. V. Gray. Supressing Latchup in Insulated Gate Transistors. *IEEE Electron Device Letters*, EDL-5(8):323–325, 1984.

[7] R. Barthelmeß, M. Beuermann, and N. Winter. New Diodes with Pressure Contact for Hard-Switched High Power Converters. In *Proc. EPE*, 1999.

[8] R. J. Basset, W. Fulop, and C. A. Hogarth. Determination of the bulk carrier lifetime in the low-doped region of a silicon power diode by the method of open circuit voltage decay. *Int. J. Electronics*, 35(2):177–192, 1973.

[9] F. Bauer, U. Thiemann, and T. Stockmeier. Design Considerations and Characteristics of Rugged Punchthrough (PT) IGBTs with 4.5kV Blocking Capability. In *Proc. ISPSD*, pages 327–330, 1996.

[10] J. G. Bauer, F. Auerbach, and A. Porst. 6.5kV-Modules Using IGBTs with Field Stop Technology. In *Proc. ISPSD*, pages 70–74, 2001.

[11] J. D. Beck and R. Conradt. Auger-Recombination in Si. *Solid-State Communications*, 13:93–95, 1973.

[12] H. W. Becke and C. F. Wheatley. Power MOSFET with an Anode Region. U.S. Patent No. 4 364 073, 1980.

[13] H. J. Benda and E. Spenke. Reverse Recovery Process in Silicon Rectifiers. *Proc. of the IEEE*, 55(8), 1967.

[14] V. Benda, M. Cernik, and Z. Novak. A Note on Trap Recombination in Power Semiconductor Devices. In *Proc. ISPS*, pages 59–64, 1998.

[15] V. Benda, J. Gowar, and D. A. Grant. *Power Semiconductor Devices*. John Wiley & Sons, 1999.

[16] H. Bleichner, P. Jonsson, and N. Keskitalo. Temperature and injection dependence of the Shockley-Read-Hall-lifetime in electron irradiated n-type silicon. *Journal of Applied Physics*, 79(12):9142–9148, 1996.

[17] P. Blood and J. W. Orton. *The Electrical Characterization of Semiconductors: Majority Carriers and Electron States*, volume 14 of *Techniques of Physics*. Academic Press, 1992.

[18] D. Bräuning. *Wirkung hochenergetischer Strahlung auf Halbleiterbauelemente*. Springer-Verlag, 1989.

[19] S. D. Brotherton and P. Bradley. A Comparison of the Performance of Gold and Platinum Killed Power Diodes. *Solid-State Electronics*, 25(2):119–125, 1982.

[20] S. D. Brotherton and P. Bradley. Defect production and lifetime control in electron and gamma-irradiated silicon. *Journal of Applied Physics*, 53(8):5720–5732, 1982.

[21] D. M. Caughey and R. E. Thomas. Carrier Mobilities in Silicon Empirically Related to Doping and Field. *Proc. IEEE*, pages 2192–2193, 1967.

[22] D. F. Courtney. A brief analysis of the transient forward voltage drop in fast diodes. *IEE Proc.*, 123:277–280, 1985.

[23] H. C. de Graaf and F. M. Klaasen. *Compact Transistor Modelling for Circuit Design*. Springer-Verlag, 1990.

[24] S. R. Dhariwal, L. S. Kothari, and S. C. Jain. On the Recombination of Electrons and Holes at Traps with Finite Relaxation Time. *Solid-State Electronics*, 24(8):749–752, 1981.

[25] M. Domeij. Dynamic Avalanche in Si and 4H-SiC Power Diodes. Dissertation KTH Stockholm, 1999.

[26] J. Dzewior and W. Schmid. Auger Coefficients for Highly Doped and Highly Excited Silicon. *Applied Physics Letters*, 31(5):346–348, 1977.

[27] S. Eicher, T. Ogura, and K. Sugiyama. Advanced Lifetime Control for Reducing Turn-Off Switching Losses of 4.5 kV IEGT Devices. In *Proc. ISPSD*, pages 39–42, 1998.

[28] S. Eränen and M. Blomberg. The vertical IGBT with an Implanted Buried Layer. In *Proc. ISPSD*, pages 211–214, 1991.

[29] J. M. Fairfield and B. V. Gokhale. Gold as Recombination Center in Silicon. *Solid-State Electronics*, 8:685–691, 1965.

[30] G. Ferenci, C. A. Londos, and T. Pavelka. Correlation of the concentration of the carbon-associated radiation damage levels with the total carbon concentration in silicon. *Journal of Applied Physics*, 63(1):183–189, 1988.

[31] J. G. Fossum, R. P. Mertens, and D. S. Lee. Carrier recombination and lifetime in highly doped Silicon. *Solid-State Electronics*, 26(6):569–576, 1983.

[32] L. Frey, S. Bogen, and M. Herden. Deep Implants For Semiconductor Device Applications. *Radiation Effects and Defects in Solids*, 140:87–101, 1996.

[33] F. Frisina, N. Tavolo, and G. Ferla. Applications of Ion Implantation to the Control of Dynamic Characteristics in Power Devices. In *Proc. of EPE-MADEP*, pages 53–58, 1991.

[34] T. Fujii, K. Yoshikawa, and T. Koga. 4.5kV-2000A Power Pack IGBT (Ultra High Power Flat-Packaged PT type RC-IGBT). In *Proc. ISPSD*, pages 33–36, 2000.

[35] W. Fulop. Calculations of Avalanche Breakdown Voltages of Silicon pn-Junctions. *Solid-State Electronics*, 10:39–43, 1967.

[36] P. G. Fuochi, E. Gombia, and R. Mosca. Electron Irradiation of Power Diodes. Comparisson between FZ and MCZ Silicon Substrates. In *Proc. of EPE-MADEP*, pages 80–83, 1991.

[37] Institut für Halbleiterphysik. *TRIGEN: Dreiecksgenerator für gemischte isotrope und anisotrope Gitter*. Frankfurt/O., 1990.

[38] H. Gajewski, B. Heinemann, and H. Langmach. *TeSCA-Handbuch*. Weierstrass-Institut für Mathematik, 1991.

[39] S. Gall. *Admittanzspektroskopische Untersuchungen des a-SiH/c-Si-Heteroüberganges im Hinblick auf photovoltaische Anwendungen*. Dissertation TU Berlin, 1997.

[40] W. Gerlach, H. Schlangenotto, and H. Maeder. On the radiative recombination rate in silicon. *phys. stat. sol. (a)*, 13:277, 1972.

[41] S. K. Ghandhi. *Semiconductor Power Devices*. John Wiley & Sons, 1977.

[42] M. A. Green. Minority Carrier Lifetimes Using Compensated Differential Open Circuit Voltage Decay. *Solid-State Electronics*, 26(11):1117–1122, 1983.

[43] V. Grivickas. An accurate method for determining intrinsic optical absorption in indirect band gap semiconductors. *Solid-State Communications*, 108(8):561–566, 1998.

[44] B. Gutsmann, P. Mourick, and D. Silber. Plasma Extraction Transit Time Oscillations in Bipolar Power Devices. *Solid-State Electronics*, 46(1):133–138, 2002.

[45] R. F. Häcker. *Korrelationseffekte bei der Rekombination freier Ladungsträger in Silizium*. Dissertation Uni Stuttgart, 1991.

[46] R. N. Hall. Electron-Hole-Recombination in Germanium. *Physical Review*, 87:387, 1952.

[47] A. Hallen, N. Keskitalo, and F. Masszi. Lifetime in Proton Irradiated Silicon. *Journal of Applied Physics*, 79(8):3906, 1996.

[48] A. Hangleiter. Nonradiative recombination via deep impurity levels in silicon: Experiment. *Physical Review B*, 35(17):9149, 1987.

[49] A. Hangleiter. *Rekombination und Korrelation intrinsischer elektronischer Anregungen in Halbleitern*. Habilitationsschrift Universität Stuttgart, 1992.

[50] M. Harada. Insulated Gate Bipolar Transistor, 1992. US Patent No. 5173435.

[51] P. Hazdra, K. Brand, and J. Rubes. Local lifetime control by light ion irradiation: impact on blocking capability of power P-i-N diode. *Microelectronics Journal*, 32:449–456, 2001.

[52] P. Hazdra, J. Rubes, and J. Vobecky. Divacancy profiles in MeV helium irradiated silicon from reverse I-V measurement. *Nuclear Instruments and Methods in Physics Research B*, 159:207–217, 1999.

[53] P. Hazdra and J. Vobecky. Accurate Simulation of Fast Ion Irradiated Power Devices. *Solid-State Electronics*, 37(1), 1994.

[54] P. Hazdra and J. Vobecky. Application of High Energy Ion Beams for Local Lifetime Control in Silicon. In *Materials Science Forum*, pages 225–228, 1997.

[55] A. R. Hefner and D. L. Blackburn. An Analytical Model for the Steady-State and Transient Characteristics of the Power Insulated-Gate Bipolar Transistor. *Solid-State Electronics*, 31(10):1513–1532, 1988.

[56] C. H. Henry and D. V. Lang. Nonradiative capture and recombination by multiphonon emission in GaAs and GaP. *Physical Review B*, 15(2):989, 1977.

[57] B. Hikin, T. Roach, and V. Rodov. Reverse Recovery Process with Non Uniform Lifetime Distribution in the Base of a Diode. In *IAS/IEEE Conf. Record*, 1977

[58] K. Huang and A. Rhys. *Proc. Royal Soc. A*, 204:406, 1950.

[59] O. Humbel, N. Galster, and F. Bauer. 4.5 kV-Fast-Diodes with Expanded SOA Using a Multi-Energy Proton Lifetime Control Technique. In *Proc. ISPSD*, pages 121–124, 1999.

[60] M. W. Hüppi. *Protonenbestrahlung von Silizium: Vollständige elektrische Charakterisierung der erzeugten Rekombinationszentren.* Dissertation ETH Zürich, 1989.

[61] P. A. Iles and S. I. Soclof. Effect of impurity doping concentration on solar cell output. In *Proc. 11th Photovoltaic Specialists Conference*, pages 19–24. IEEE, 1975.

[62] Tektronix Inc. 371A Programmable High Power Curve Tracer. Operator Manual, 1990.

[63] K. Irmscher. *Kapazitätsspektroskopische Analyse tiefer Störstellen in ionenimplantiertem Silizium.* Dissertation Humboldt-Universität Berlin, 1985.

[64] N. Iwamuro. Numerical Analysis of Turn-Off Behavior of IGBT with an Inductive Load. In *Proc. ISPSD*, pages 176–179, 1992.

[65] S. C. Jain and R. Mulidharan. Effect of Emitter Recombinations on the Open Circuit Voltage Decay of a Junction Diode. *Solid-State Electronics*, 24(12):1147–1154, Dez. 1981.

[66] N. Kaminski, N. Galster, and S. Linder. 1200V Merged PIN Schottky Diode with Soft Recovery and Positive Temperature Coefficient. In *Proc. EPE*, 1999.

[67] K. T. Kaschani. *Untersuchung und Optimierung von Leistungsdioden.* Hartung-Gorre Verlag Konstanz, Dissertation Uni Braunschweig, 1997.

[68] F. Kaußen and H. Schlangenotto. Aktuelle Entwicklungen bei schnell schaltenden Leistungsdioden. In *ETG Fachtagung*, 1992.

[69] D. L. Kendall. In *Conf. on the Phys. and Appl. of Li Diffused Si*, 1969.

[70] N. Keskitalo. *Irradiation Induced Defects for Lifetime Control in Silicon.* Dissertation Uppsala University, 1997.

[71] L. C. Kimerling, H. M. Angelis, and J. Diebold. On the Role of Defect Charge State in the Stability Point Defects in Silicon. *Solid-State Communications*, 16:171–174, 1975.

[72] Y. Koh and C. Kim. Two-Dimensional Analysis of Latch-Up Phenomena in Latch-Up-Free, Self Aligned IGBT Structures. *Solid-State Electronics*, 33(5):497–501, 1990.

[73] H. Kon, K. Nakayama, and S. Yanagasiawa. The 4500V-750A Planar Gate Press Pack IEGT. In *Proc. ISPSD*, pages 81–84, 1998.

[74] D. S. Kuo. Modeling of Turn-Off Characteristics of the Bipolar-MOS Transistor. *IEEE Electron Device Letters*, EDL-6(5):211–214, 1985.

[75] D. B. Laks, G. F. Neumark, and A. Hangleiter. Theory of interband Auger recombination in n-type silicon. *Physical Review Letters*, 61(10):1229, 1988.

[76] D. B. Laks, G. F. Neumark, and S. T. Pantelides. Accurate interband Auger recombination rates in silicon. *Physical Review B*, 42(8):5176, 1990.

[77] P. T. Landsberg. *Recombination in Semiconductors*. Cambridge University Press, 1991.

[78] P. T. Landsberg, C. Rhys-Roberts, and P. Lal. Auger recombination and impact ionization involving traps in semiconductors. *Proc. Phys. Soc.*, 84:915, 1964.

[79] D. V. Lang. Deep-level transient spectroscopy: A new method to characterize traps in semiconductors. *Journal of Applied Physics*, 45(7):3023–3032, 1974.

[80] T. Laska, A. Porst, and H. Brunner. A Low Loss Highly Rugged IGBT-Generation Based On A Self Aligned Process With Double Implanted N/N+-Emitter. In *Proc. ISPSD*, pages 171–175, 1994.

[81] T. Laska, W. Scholz, and M. Matschitsch. Ultrathin-Wafer Technology for a New 600V-NPT-IGBT. In *Proc. ISPSD*, pages 361–364, 1997.

[82] M. Lax. Cascade capture of electrons in solids. *Physical Review*, 119(5):1502–1523, 1960.

[83] S. R. Lederhandler and L. J. Giacoletto. Measurement of Minority Carrier Lifetime and Surface Effects in Junction Devices. In *Proc. IRE*, pages 477–483, 1955.

[84] Y. H. Lee, L. J. Cheng, and J. D. Gerson. Carbon Interstitial in Electron-Irradiated Silicon. *Solid-State Communications*, 21:109–111, 1977.

[85] H. Lefevre. *Journal of Applied Physics*, 12(45), 1977.

[86] W. Lochmann and A. Haug. Phonon Assisted Auger Recombination in Si with Direct Calculation of the Overlap Integrals. *Solid-State Communications*, 35:553–556, 1980.

[87] C. A. Londos. Defect states in electron-bombarded n-type silicon. *Physica Status Solidi*, 113(2):503–510, 1989.

[88] C. A. Londos and P. C. Branbury. Defect studies in electron-irradiated boron-doped silicon. *J. Phys. C: Solid-State Phys.*, 20:645–650, 1987.

[89] L. Lorenz. IGBTs for the next decade's motor drive systems. *PCIM Europe*, pages 20–22, Jan. 2001.

[90] J. Lutz. Axial Recombination Center Technology for Freewheeling Diodes. In *Proc. EPE*, pages 1502–1506, 1997.

[91] J. Lutz. *Freilaufdioden für schnell schaltende Leistungsbauelemente.* Verlag ISLE, Dissertation TU Ilmenau, 2000.

[92] J. Lutz and U. Scheuermann. Advantages of the new Controlled Axial Lifetime Diode. In *Proc. PCIM*, 1994.

[93] J. Lutz and G. Smolny. Deutsche Patentanmeldung DE 38 23 795 C2, 1988.

[94] J. Lutz, W. Südkamp, and W. Gerlach. Impatt Oscillations in Fast Recovery Diodes due to Temporarily Charged Radiation-Induced Deep Levels. *Solid-State Electronics*, 42(6):931–938, 1998.

[95] O. Madelung. *Numerical Data and Functional Relationships in Science and Technology*, volume 22b. Berlin, 1989. Impurities and Defects in Group IV Elements and III-V-Compounds.

[96] G. Majumdar, S. Yoshida, and H. Hagino. Enhancing SOAs of IGBT Modules for Hard Switching Applications. In *Power Conversion Proceedings*, pages 1–8, 1990.

[97] R. G. Mazur and D. H. Dickey. A Spreading Resistance Technique for Resistivity Measurements in Si. *J. Electrochem. Soc*, 113:255–259, März 1966.

[98] R. P. Mertens, J. L. Meerbergen, and J. F. Nijs. Measurement of the Minority-Carrier Transport Parameters in Heavily Doped Silicon. *IEEE Trans. On Electr. Dev.*, ED-27(5):949–955, 1980.

[99] M. D. Miller. Differences between Platinum- and Gold-Doped Silicon Devices. *IEEE Trans. El. Dev.*, ED-23(12):1279–1283, 1976.

[100] M. D. Miller, H. Schade, and C. J. Nuese. Lifetime-controlling recombination centers in platinum-diffused silicon. *Journal of Applied Physics*, 47(6):2569–2578, 1976.

[101] K. Mochizuki, K. Ishii, and M. Takeda. Examination of Punch-Through IGBT (PT-IGBT) for High Voltage and High Current Application. In *Proc. ISPSD*, pages 237–240, 1997.

[102] T. N. Morgan. Capture into deep electronic states in semiconductors. *Physical Review B*, 28(12):7141–7174, 1983.

[103] M. Mori, H. Kobayashi, and T. Saiki. 3.3kV Punchthrough IGBT with Low Loss and Fast Switching. In *Proc. ISPSD*, pages 229–232, 1997.

[104] M. Mori, H. Kobayashi, and Y. Yasuda. 6.5 kV Ultra Soft & Fast Recovery Diode (U-SFD) with High Reverse Recovery Capability. In *Proc. ISPSD*, pages 115–118, 2000.

[105] M. Mori, Y. Nakano, and T. Tanaka. An Insulated Gate Bipolar Transistor with a Self-Aligned DMOS Structure. *IEDM Technical Digest*, pages 813–816, 1988.

[106] P. Mourick. *Das Abschaltverhalten von Leistungsdioden.* Dissertation TU Berlin, 1988.

[107] N. Naito, Y. Shimizu, and Y. Terasawa. Semiconductor Rectifier Diode. Europ. Patentanmeldung EP 0 103 138, 1982.

[108] T. Naito, M. Nemeto, and A. Nishiura. Fine pattern effect on leakage current and reverse current characteristics of MPS diode. In *Proc. ISPSD*, pages 227–230, 2001.

[109] E. Napoli. Design criteria for PiN diode using multiple He ion implantation for local lifetime control. In *Proc. EPE*, 1999.

[110] E. Napoli. Numerical evaluation of bidimensional lifetime control as design technique for PiN rectifiers. In *Proc. EPE*, 1999.

[111] M. Nemeto, N. Nishuira, and T. Naito. An Advanced FWD Design Concept with Superior Soft Reverse Recovery Characteristics. In *Proc. ISPSD*, pages 119–122, 2000.

[112] M. Nemeto, M. Otsuki, and M. Kirisawa. Great Improvement in IGBT Turn-on Characteristics with Trench Oxide PiN Schottky (TOPS) Diode. In *Proc. ISPSD*, pages 307–310, 2001.

[113] M. Netzel. *Analyse, Entwurf und Optimierung von diskreten vertikalen IGBT-Strukturen.* Verlag ISLE, Dissertation TU Ilmenau, 1999.

[114] M. Netzel. Untersuchung von Schwingungsphänomenen in Modulen mit parallel geschalteten IGBT-Chips. DFG-Antrag, 2000.

[115] K. Nishiwaki, T. Kushida, and A. Kawahashi. A Fast & Soft Recovery Diode with Ultra Small Qrr (USQ-Diode) Using Local Lifetime Control by He Ion Irradiation. In *Proc. ISPSD*, 2001.

[116] W. D. Novak, H. Schlangenotto, and M. Füllmann. Improved Switching Behaviour of Fast Power Diodes. *PCIM Europe*, April 1989.

[117] R. Nürnberg. Berücksichtigung tiefer Störstellen - Die Modellerweiterung. Persönliche Mitteilung, 1997.

[118] M. Otsuki, S. Momota, and A. Nishiura. The 3rd Generation IGBT Toward a Limitation of IGBT Performance. In *Proc. ISPSD*, pages 24–29, 1993.

[119] J. A. Pals. Properties of Au, Pt, Pd and Rh Levels in Silicon Measured with a Constant Capacitance Technique. *Solid-State Electronics*, 17:1139–1145, 1974.

[120] A. Porst. Ultimate Limits of an IGBT (MCT) for High Voltage Applications in Conjunction with a Diode. In *Proc. ISPSD*, pages 163–170, 1994.

[121] A. Porst, F. Auerbach, and H. Brunner. Improvement of the Diode Characteristics Using Emitter-Controlled Principles (Emcon-Diode). In *Proc. ISPSD*, pages 213–216, 1997.

[122] A. Preussger. SPT - A New Smart Power Technology with a Fully Self Aligned DMOS Cell. In *Proc. ISPSD*, pages 195–197, 1991.

[123] M. T. Rahimo and N. Y. A. Shamas. A Review on Fast Power Diode Development and Modern Novel Structures. In *IEE Colloquium New Dev. Pow. Sem. Dev.*, 1996.

[124] D. J. Robbins and P. T. Landsberg. Impact ionisation and Auger recombination involving traps in semiconductors. *J. Phys. C: Solid-State Physics*, 13:2425, 1980.

[125] W. Roosbroeck and W. Shockley. Photon-radiative recombination of electrons and holes in germanium. *Physical Review*, 94:1558, 1954.

[126] J. Rubes, P. Hazdra, and J. Vobecky. Measurement of Leakage Current for Radiation Defect Profiling. In *Proceedings ISPS'98*, pages 173–178, 1998.

[127] J. P. Russel, A. M. Goodmann, and J. M. Neilson. The COMFET - A New High Conductance MOS-Gated Device. *IEEE Electron Device Letters*, EDL-4(3):63–65, 1983.

[128] C. T. Sah, L. Forbes, and L. L. Rosier. Thermal & Optical Emission & Capture Rates & Cross Sections of Electrons & Holes at Centers in Semicond. from Photo & Dark Junction Current & Capacitance Exp. *Solid-State Electronics*, 13:759–788, 1970.

[129] H. Schlangenotto. Vorlesung Leistungshalbleiterbauelemente. Daimler-Benz-AG, Forschungsinstitut Frankfurt, 1991.

[130] H. Schlangenotto and W. Gerlach. On the Post-Injection Voltage Decay of p-s-n Rectifiers at High Injection Levels. *Solid-State Electronics*, 15:393–402, 1972.

[131] H. Schlangenotto and K. H. Sommer. Deutsche Patentanmeldung DE 36 33 161 A1, 1986.

[132] S. Selberherr. *Analysis and Simulation of Semiconductor Devices.* Springer-Verlag, 1984.

[133] J. Shields. Breakdown in Silicon pn-Junctions. *Journ. Electron. Control,* (6), 1959.

[134] W. Shockley and W. T. Read. Statistics of the Recombination of Holes and Electrons. *Physical Review,* 87(5):835–842, 1952.

[135] R. Siemieniec, W. Südkamp, and J. Lutz. Simulation and Experimental Results of Irradiated Power Diodes. In *Proc. EPE,* 1999.

[136] D. Silber, W. D. Nowak, and W. Wondrak. Improved Dynamic Properties of GTO Thyristors and Diodes by Proton Implantation. In *Proc. IEDM,* pages 162–165, 1985.

[137] J. W. Slotboom. The pn-product in Silicon. *Solid-State Electronics,* 20:279–283, 1977.

[138] E. Spenke. *Elektronische Halbleiter.* Springer-Verlag, Berlin, 1965.

[139] W. Südkamp. *DLTS-Untersuchung an tiefen Störstellen zur Einstellung der Trägerlebensdauer in Si-Leistungsbauelementen.* Dissertation TU Berlin, 1994.

[140] W. Südkamp. Teilbericht der TU Berlin zum Verbundprojekt ILS vom 4.Mai 1998. Technischer Report VDI/VDE, 1998.

[141] W. Südkamp. DLTS-Ergebnisse zu den elektronen-und heliumbestrahlten Dioden mit p- und n-Basis. Technischer Report, 1999.

[142] W. Südkamp. Dokumentation der DLTS-Untersuchungen an Si-Dioden zum Honorarvertrag 14180720. Technischer Report, 1999.

[143] W. Südkamp. Dokumentation zum Honorarvertrag vom 27.12.1999. Technischer Report, 1999.

[144] W. Südkamp and W. Gerlach. *Untersuchung tiefer Zentren und Bauelementesimulation.* VDI/VDE-IT, 1999. Reihe Innovationen in der Mikrosystemtechnik.

[145] Y. E. Sun. Lifetime Control in Semiconductor Devices by Electron Irradiation. In *IAS 77 Annual,* 1977.

[146] B. G. Svensson, B. Mohajeri, and A. Hallen. Divacancy acceptor levels in ion-irradiated Silicon. *Physical Review B,* 43(3):2292–2298, 1991.

[147] S. M. Sze. *Physics of Semiconductor Devices*. John Wiley & Sons, 1981.

[148] V. A. Temple and F. W. Holroyd. Optimizing Carrier Lifetime Profile for Improved Trade-off Between Turn-Off Time and Forward Drop. *IEEE Transactions on Electron Devices*, 30(7):782–790, 1983.

[149] V. A. Temple, F. W. Holroyd, and M. S. Adler. The Effect of Carrier Lifetime Profile on Turn-off Time and Turn-off Losses. In *IEEE Power Electron Conference*, pages 153–163, 1980.

[150] Y. Tomomatsu, E. Suekawa, and H. Kondo. An analysis for transient characteristics of shorted collector IGBTs in free wheeling mode of operation. In *Proc. ISPSD*, pages 209–212, 1997.

[151] J. R. Troxell. Ion-Implantation associated defect production in silicon. *Solid-State Electronics*, 26(6):539–548, 1983.

[152] M. S. Tyagi and R. V. Overstraeten. Minority Carrier Recombination in Heavily-Doped Silicon. *Solid-State Electronics*, 26(6):577–597, 1983.

[153] F. Udrea and G. A. J. Amaratunga. Theoretical and Numerical Comparison between DMOS and Trench Technologies for Insulated Gate Bipolar Transistors (TIGBT). *IEEE Transactions on Electron Devices*, 42(7):1356–1366, 1995.

[154] W. V. van Roosbroeck. Theory of Flow of Electrons and Holes in Germanium and other Semiconductors. *Bell Syst. Tech. J.*, 29:560–607, 1950.

[155] E. E. Velmre, P. G. Dermenhi, and A. E. Udal. Influence of the Lifetime Distribution of Electron and Holes on the Reverse Recovery Process of p+nn+ - Diodes. *Elektrotekhnika*, 55(3), 1984.

[156] D. Vietzke. DLTS-Untersuchung an tiefen Störstellen in Silizium. Diplomarbeit TU Berlin, 1994.

[157] J. Vobecky and P. Hazdra. Future Trends in Local Lifetime Control. In *Proc. ISPSD*, pages 161–164, 1996.

[158] J. Vobecky, P. Hazdra, and J. Homola. Optimization of Power Diode Characteristics by Means of Ion Irradiation. *IEEE Transactions on Electron Devices*, 43:2283–2289, 1996.

[159] J. Vobecky, P. Hazdra, and J. Voves. Accurate Simulation of Combined Electron and Ion Irradiated Silicon Devices for Local Lifetime Tailoring. In *Proc. ISPSD*, pages 265–270, 1994.

[160] J. Vobecky, P. Hazdra, and V. Zahlava. OCVD Lifetime of Ion Irradiated P-i-N Diodes. In *Proceedings of the ISPS'98*, pages 47–52, 1998.

[161] G. Wachutka. Consistent treatment of carrier emission and capture kinetics in electrothermal and energy transport models. *Microelectronics Journal*, 26:307–315, 1995.

[162] J. W. Walker and C. T. Sah. Properties of 1.0MeV-Electron-Iradiated Defect Centers in Silicon. *Physical Review B*, 7(10):4587–4605, 1973.

[163] G. K. Wertheim. Transient recombination of excess carriers in semiconductors. *Physical Review*, 109(4):1086, 1957.

[164] A. W. Wieder. Emitter Effects in Shallow Bipolar Devices: Measurements and Consequences. *IEEE Transactions On Electron Devices*, ED-27(8):1402–1408, 1980.

[165] T. Wikström, F. Bauer, and S. Lindner. Experimental study on plasma engineering in 6500V IGBTs. In *Proc. ISPSD*, pages 37–40, 2000.

[166] E. D. Wolley and S. F. Bevaqua. High-Speed, Soft Recovery Epitaxial Diodes for Power Inverter Circuits. In *IEEE IAS Meeting Digest*, 1981.

[167] W. Wondrak. *Erzeugung von Strahlenschäden in Silizium durch hochenergetische Elektronen und Protonen*. Dissertation Universität Frankfurt/M., 1985.

[168] A. Woodworth and M. T. Robinson. A New Fast Recovery Rectifier - The HEXFERD. In *PCIM Proceedings*, 1992.

[169] R. H. Wu and A. R. Peaker. Capture cross sections of the gold donor and acceptor states in n-type Czochralski silicon. *Solid-State Electronics*, 25(7):643–649, 1982.

[170] K. Yamaguchi. A Mobility Model for Carriers in the MOS-Inversion Layer. *IEEE Transactions on Electron Devices*, ED-30(6), 1983.

[171] C. M. Yun, D. Y. Kim, and B. H. Lee. Self-Aligned Latch-Free IGBT with Sidewall Diffused N+-Emitter. In *Proc. ISPSD*, pages 196–200, 1995.

[172] J. S. Ziegler, J. P. Biersack, and U. Littmark. *Stopping and Range of Ions in Solids*. Pergamon Press, 1985.

[173] U. Zillmann. Schaffung eines grafischen Auswerteprogramms für Ergebnisse der 2D-Bauelementesimulation. Diplomarbeit TU Ilmenau, 1991.

[174] H. Zimmermann. *Messung und Modellierung von Gold- und Platinprofilen*. Dissertation Universität Erlangen-Nürnberg, 1991.

Index

Überschußträgerdichte, 79

A-Zentrum, Aufbau, 56
A-Zentrum, Elektroneneinfangrate, 103
Abkommutierung, IGBT, 29
Abkommutierung, pin-Diode, 16
Absorptionskoeffizient, 82
Aktivierungsenergie, 72
Aktivierungsenthalpie, 73
Arrheniusgerade, 72
Augerkoeffizient, 37
Ausheilen, Dotierungsanhebung, 108
Ausheilung, 56

Besetzungsfunktion, 63
Bestrahlungsverfahren, 55

COMFET, 26

Dünnwafertechnologie, 34
Defektbildung, 58
Diffusion, Technologie, 54
Diffusionskonstante, 15
Diffusionslänge, 15
Diffusionsverfahren, 51
Diode, CAL, 25
Diode, EMCON, 24
Diode, Schottky, 23
Diode, SPEED, 24
Diode, SSD, 23
Diode, U-SFD, 23
Diodenproben, 85
Diodenproben, 3.5kV Sperrvermögen, 88
Diodenproben, elektronenbestrahlt, 87

Diodenproben, heliumbestrahlt, 88
Diodenproben, tabellarische Übersicht, 92
Diodenproben, unbestrahlt, 86
Divakanz, Profilbestimmung, 107
DLTS, Anlagenaufbau, 75
DLTS, Bestimmung der energet. Lage, 69
DLTS, Bestimmung der Zentrenkonzentration, 73
DLTS, Bestimmung Einfangkoeffizient, 69
DLTS, Ergebnisse an elektronenbestrahltem Silizium, 97
DLTS, Ergebnisse an unbestrahltem Silizium, 93
DLTS, Grenzen, 77
DLTS, Ladungsträgerinjektion, 69
DLTS, Meßprinzip, 68
DLTS, Profilbestimmung, 105
DLTS-Messung, 67
Durchbruchfeldstärke, 11
Durchlaßverhalten, IGBT, 27
Durchlaßverhalten, pin-Diode, 13

effektive Zustandsdichte, 40
Eigenleitungsdichte, 42
Eigenleitungsniveau, 42
Einfangquerschnitt, 71
Einschaltverluste, 20
Einschaltvorgang, IGBT, 31
Einschaltvorgang, pin-Diode, 19
Elektronenbestrahlung, 59
Elektronendichte, 40

Emissionsrate, 43
Emissionsratenberechnung, 63
Emittergüte, 13
Emitterwirkungsgrad, 22
Entropiefaktor, 64, 73

Fehlerfunktion, 65
Feldstopschicht, 34
Frank-Turnbull-Mechanismus, 52
Freilaufdioden, Ergebnisse Durchlaßver-
    halten, 121
Freilaufdioden, Ergebnisse Schaltverhal-
    ten Dioden, 128

Gaussverteilung, 64
Generationslebensdauer, 48
Generationsstrom, 113
Gittererzeugung, 120
Gittergenerator, 120
Gleichgewichtskonzentration, 43
Gold, Zentreneigenschaften, 52
Golddiffusion, 52

Heliumbestrahlung, 60
Hochinjektionslebensdauer, 47, 79
Hochinjektionslebensdauer, Gültigkeit, 81

IGBT, Ausschaltvorgang, 29
IGBT, Durchlaßverhalten, 27
IGBT, Einschaltvorgang, 31
IGBT, Ergebnisse Durchlaßverhalten, 133
IGBT, Ergebnisse Schaltverhalten, 138
IGBT, Ersatzschaltbild, 26
IGBT, Grundaufbau, 26
IGBT, Latch-Up, 28
IGBT, NPT, 34
IGBT, PT, 33
IGBT, Spannungsüberhöhung, 31
IGBT, Sperreigenschaften, 32
IGT, 26
Impattoszillationen, 146

K-Zentrum, Profilbestimmung, 105

Kaskadenprozeß, 49
Kick-Out-Mechanismus, 52
Kontinuitätsgleichung, 63

Laser, 82
Lebensdauereinstellung, Technologie, 51
Lebensdauerprofil, 24

Millerkapazität, 30
Millerplateau, 30
Minoritätsträgerlebensdauer, 42
Mittelzone, breite, 22
Mittelzone, Dotierstufe, 22
Momentanlebensdauer, 46
Multiphononenprozeß, 49

n1, Abhängigkeiten, 81
Nettorekombinationsrate, 35
Nettorekombinationsrate, SRH-Formel,
    42
Niederinjektionslebensdauer, 47, 79
Non-Punch-Through, 33
NPT, 11, 33

OCVD, Ergebnisse elektronenbestrahl-
    tes Silizium, 101
OCVD, Ergebnisse unbestrahltes Silizi-
    um, 95
OCVD, Grenzen, 80
OCVD, Meßplatz, 81
OCVD, Meßschaltung, 80
OCVD, optisch, 82
OCVD-Messung, 78

Paarbildung, 52
pin-Diode, Abkommutierung, 16
pin-Diode, Aufbau, 10
pin-Diode, Durchbruchspannung, 11
pin-Diode, Durchlaßverhalten, 13
pin-Diode, Einschaltvorgang, 19
pin-Diode, Optimierungskriterien, 20
pin-Diode, Sperrverhalten, 10
Platin, Zentreneigenschaften, 53

Platindiffusion, 52
Poissongleichung, 62, 73
Poole-Frenkel-Defekt, 55
Protonenbestrahlung, 60
PT, 11, 33
Punch-Through, 33
Punktdefekte, 52

Rückstromspitze, 16
Rückstromverlauf, Abriß, 17
Rückstromverlauf, snappig, 17
Rückstromverlauf, soft, 17
Ratengleichungen, 42
Ratewindow, 69
Rekombination, 35
Rekombination, Band-Band-Auger, 36
Rekombination, eeh-Prozeß, 36
Rekombination, ehh-Prozeß, 36
Rekombination, extrinsisch, 37
Rekombination, Grenzfälle, 46
Rekombination, intrinsisch, 35
Rekombination, Kaskadenprozeß, 49
Rekombination, Multiphononenprozeß, 49
Rekombination, Multitrap-Modell, 60
Rekombination, Ratengleichungen, 42
Rekombination, Störstellen-Augerprozeß, 50
Rekombination, Störstellenumladung, 44
Rekombination, strahlend, 35, 49
Rekombination, tiefe Störstellen, 37
Rekombinationsmodell, Gültigkeit, 141
Rekombinationsmodell, Implementierung, 62
Rekombinationswärme, 143
Rekombinationswärme, Abschätzung, 144
Rekombinationszentren, Einbauprozesse, 51

Serienwiderstand, Eliminierung an Dioden, 121
Serienwiderstand, Eliminierung an IGBT, 133
Shockley-Read-Hall-Statistik, 37

Silizium, Verunreinigungen, 56
SIMGRAF, 121
Simulationsergebnisse, FWD, 121
Simulationsergebnisse, IGBT, 133
Simulationsumgebung, 117
Simulationsumgebung, Netzwerksimulation, 118
Sperrverhalten, IGBT, 32
Sperrverhalten, pin-Diode, 10
SRH-Rekombination, 37
Störstelle, 37
Störstellen-Augerprozeß, 50
Störstellenpeak, Schätzung in Dioden, 109
Störstellenpeak, Schätzung in IGBT, 112
Störstellenprofil, Eingabe, 64
Störstellenumladung, 63
Strahlenschäden, 55

Tailstrom, 31
TeSCA, Grundgleichungssystem, 117
TeSCA, Netzwerksimulation, 118
TeSCA, Vorstellung, 117
TRIGEN, 120

Visualisierungstool, 121

Zentren, strahlungsinduziert, 55
Zentrenparameter, Basismaterial, 92
Zentrenparameter, elektronenbestrahltes Silizium, 97
Zentrenparameter, Gültigkeit, 142
Zentrenparameter, heliumbestrahltes Silizium, 103
Zentrenparameter, n-Silizium, 94
Zentrenparameter, p-Silizium, 94
Zentrenparameter, Verlaufsprofile, 105
Zentrenprofilbestimmung, Abschätzung Störstellenpeak, 109
Zentrenprofilbestimmung, DLTS, 105
Zentrenprofilbestimmung, Nutzung von Sperrstrommessungen, 112

Zentrenprofilbestimmung, Spreading Resistance Messung, 114

Danksagung

Die vorliegende Dissertation entstand im Rahmen meiner Tätigkeit als wissenschaftlicher Mitarbeiter im Fachgebiet Festkörperelektronik der TU Ilmenau in der Zeit von 1997 bis 2002 und wäre ohne die Unterstützung und Hilfe verschiedener Personen nicht möglich gewesen.

In diesem Zusammenhang gilt mein Dank Herrn Dr.-Ing. habil. T. Doll für die Übernahme der Betreuung dieser Arbeit und die hilfreiche Unterstützung während des Verfassens der Arbeit.

Mein besonderer Dank gilt weiterhin Herrn Prof. Dr.-Ing. J. Lutz von der TU Chemnitz für die Übernahme des Koreferats, für die vielen Diskussionen über die weite Thematik der Lebensdauereinstellung und für die tatkräftige Unterstützung bei der Bereitstellung der experimentellen Präparationen während seiner Tätigkeit bei der Semikron Elektronik GmbH in Nürnberg.

Ebenso gilt mein Dank Herrn Prof. Dr. phil. nat. D. Silber von der Universität Bremen für die Übernahme des zweiten Koreferates sowie viele hilfreiche Hinweise während meiner Arbeit in den letzten Jahren.

Mein besonderer Dank gilt ebenfalls Herrn Dr.-Ing. W. Südkamp von der Aktiv-Sensor GmbH in Stahnsdorf für die unverzichtbare Hilfe bei der Durchführung und Auswertung sowie der Übernahme einer Reihe der DLTS-Messungen, die vielen Diskussionen um die Eigenschaften von Rekombinationszentren und das Überlassen von Probenmaterial.

Weiterhin möchte ich mich bei Herrn Prof. H. G. Wagemann für die Bereitstellung der Möglichkeiten zur Durchführung der DLTS-Messungen in seinem Fachgebiet an der TU Berlin bedanken.

Herrn Dr.-Ing. habil. R. Herzer von der Semikron Elektronik GmbH Nürnberg und meinem Kollegen Dr.-Ing. M. Netzel möchte ich für die wertvollen Hinweise und Anregungen während meiner Arbeit sowie die Unterstützung für die Fertigung, speziell der IGBT-Proben, bedanken.

Frau S. Pellkofer von der Semikron Elektronik GmbH Nürnberg möchte ich für den Aufbau von Testmodulen sowie für die Durchführung grundlegender Messungen danken. Ebenso gilt mein Dank meinem studentischen Mitarbeiter Herrn C. Umland für die zahlreichen Messungen an einer Vielzahl von Dioden.

Den Herren Prof. H. Gajewski, Dr. R. Nuernberg und Dr. H. Stephan vom Weierstraß-Institut für Angewandte Analysis und Stochastik Berlin gilt mein Dank für die Unterstützung bei Problemen sowie der Implementierung neuer Modelle in den Bauelementesimulator TeSCA.

Desweiteren möchte ich mich bei den Mitarbeitern der Laser- und Lichtstrahl Technologie und Applikation GmbH in Ilmenau, den Herren Dr.-Ing. S. Pause, Dipl.-Ing C. Franke, Dipl.-Ing. M. Hetzel, Dipl.-Ing. H. Boxberger, Dipl.-Ing. M. Müller sowie Frau Dipl.-Mat. I. Pause, für das Ermöglichen der Lebensdauermessungen unter Nutzung einer diodengepumpten Nd:YAG-Laseranlage und für den tatkräftigen Support bei der Überwindung anfänglicher Probleme bedanken.

Außerdem möchte ich meinen Kollegen vom Fachgebiet für die gewährte Unterstützung, die Hilfsbereitschaft sowie die vielen fachlichen Diskussionen danken, vor allem den Herren Dipl.-Ing. J. Lehmann, Dipl.-Ing. S. Pawel, Dipl.-Ing. M. Roßberg, Dr.-Ing. F. Schwierz, Dipl.-Ing. U. Liebold, Dipl.-Ing. R. Traute sowie Frau S. Klaube und Frau G. Bauer.

Ebenso gilt mein Dank Herrn Dr.-Ing. M. Domeij von der KTH Stockholm in Schweden für wertvolle Anregungen sowie das Überlassen der 3.5kV-Diodensamples.

Herrn Dr.-Ing. P. Kornetzky von der IMMS gGmbH in Ilmenau danke ich für die wichtigen Anregungen zu meßtechnischen Fragen und die zur Verfügung gestellte Meßtechnik.

Darüber hinaus geht mein ausdrücklicher Dank für das gründliche Korrekturlesen des Manuskriptes an Frau Dipl.-Ing. K. Nicolai.

Danken möchte ich ebenfalls meinen Eltern für das Ermöglichen des Studiums als Grundlage für die Promotion.

Außerdem möchte ich mich bei allen Freunden und Bekannten bedanken, die mich durch die Jahre hinweg begleitet haben und bei auftretenden Problemen Einsicht und Geduld mit mir hatten und viel Unterstützung gaben.